KB274281

과학하는 인간의 태도

최초의 과학자 아낙시만드로스 이야기

과학하는 인간의 태도

카를로 로벨리 지음 | 김동규 옮김

CARLO ROVELLI

쌤앤파커스

보니에게

일러두기

- 독자의 이해를 돕기 위한 주석은 모두 각주로 처리했으며, 저자 주는 약물(✛)로, 옮긴이와 편집자 주는 숫자(1, 2…)로 구분했다.

- 인명과 지명 등 외국어 고유명사의 독음은 외래어표기법을 따르는 것을 원칙으로 하되 관용적 표기를 따른 경우도 있다.

밀레토스의 아낙시만드로스가
자연으로 가는 문을 열었다고 한다.

_플리니우스, 《박물지》 2권

가장 아름다운 모험을 떠날 때

김범준, 성균관대학교 물리학과 교수

아낙시만드로스는 자연을 자연 자체로 설명하는 시도로 과학의 길을 처음 연 최초의 과학자다. 《과학하는 인간의 태도》에서 저자 카를로 로벨리는 아낙시만드로스의 생각과 성취를 들려주고, 멋진 글솜씨로 과학의 본질에 관해 설명을 이어간다. 시를 쓸 때 사용하는 펜의 품질이 위대한 시의 가치를 결정할 수 없듯이, 실용성이라는 잣대로 과학의 진정한 가치를 판단할 수는 없다. 과학은 도구와 수단을 훌쩍 넘어선다. 그 자체가 목적인 인간의 소중한 지적 활동이다.

과학이 끊임없이 변화해간다고 해서 아무것도 믿을 수 없다는 뜻은 아니다. 자연이라는 낯선 도시에서 우리는 여전한 이방인이다. 더 나은 지도가 미래에 그려질 수 있다고 해서 지금 들고 있는 지도를 버리는 사람은 아무도 없을 것이다. 과학은 확실해서 가치 있는 것이 아니다. 과학은 무지한 인간이 불확실한 세계를 상대로 분투하며 얻어낸 최선의 지식이다. 그 사실이 과학을 눈물겹도록 소중한 우리의 지적 유산으로 만든다.

2,600년 전 고대 그리스 항구도시 밀레토스에서 민주주의와 함께 과학이 탄생했다. 권위에 대항하는 정신, 인간의 자유로운 지성과 함께 과학이 시작된 것이다. 이 책은 과학이 무엇인지, 과학적 사고의 본질이 어떤 것인지, 과학이 왜 민주주의와 함께 발전하는지 풍부한 역사적 사례를 들어 흥미롭게 보여준다.

로벨리가 들려주는 과학 탄생의 이야기는 온갖 주장이 난무하며 불확실성이 판치는 지금 이곳에서도 여전히 귀 기울이기에 충분한 가치가 있다. 저자는 "과학은 인간이 떠날 수 있는 가장 아름다운 모험"이라고 말한다. 여러분도 이 멋진 여행에 동참할 수 있기를 바란다.

과학적 사고의 탄생

문명이 존재한 이래 고대의 인류 대부분은 이 세상이 '위의 하늘'과 '아래의 땅'으로 이뤄져 있다고 생각해왔다. 땅 아래로는 더 많은 땅이 이어지거나, 일부 아시아 신화에서처럼 거대한 거북이 등에 올라탄 코끼리들이 땅을 받치고 있다고 믿었다. 또는 성경에서 말하듯 거대한 기둥이 땅을 지탱하고 있다고 여기기도 했다. 이런 세계관은 고대 이집트, 중국, 마야, 인도를 비롯한 사하라 사막 이남 아프리카, 히브리, 아메리카 원주민 사회, 바빌론 등 거의 모든 문화권의 공통된 인식이었다.

그런데 눈에 띄는 예외가 있으니, 바로 그리스 문명이다. 고대 그리스인들은 일찍이 땅이 우주 공간에서 떨어지지 않고 떠 있는 돌이라고 여겼다. 땅 아래에는 무한히 이어지는 땅이나 거북이, 기둥이 아니라 우리 머리 위에 있는 하늘이 똑같이 있다고 생각했다. 그리스인들은 어떻게 아득한 옛날부터 지구가 허공에 떠 있고, 하늘이

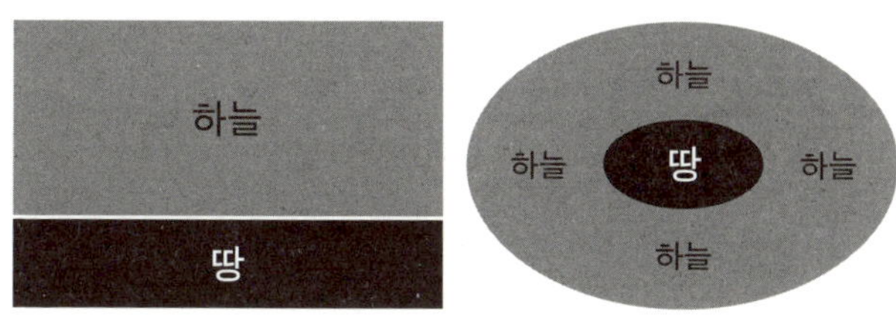

|그림 01| 아낙시만드로스 이전(왼쪽)과 이후(오른쪽)의 세계관.

우리 발 아래로도 계속 이어진다고 생각할 수 있었을까? 도대체 누가 어떻게 이것을 이해했을까?

이 책의 주인공이 바로 이토록 혁명적인 세계관의 변화를 낳은 인물이다. 지금으로부터 2,600년 전, 오늘날 튀르키예에 해당하는 고대 그리스의 해안 도시 밀레토스*Miletos*에 살았던 아낙시만드로스다. 이 사실 하나만으로도 당대의 지적 거장으로 불리기에 손색이 없지만 그는 훨씬 큰 업적을 남겼다.

아낙시만드로스는 현대 물리학과 지리학, 기상학, 생물학의 토대를 닦은 인물이다. 그런데 이 모든 업적보다 크고 중요한 일은, 그가 기존의 세계관을 비판적으로 사고한 최초의 인물이었다는 것이다. 아낙시만드로스는 의심의 여지가 없는 확실성을 거부했고, 그런 태도를 지식 탐구의 기초로 삼았다. 그리고 이는 오늘날 과학적 사고의 기초가 되었다.

과학적 사고의 본질은 이 책의 두 번째 주제다. 나는 세상을 항상 새로운 방법으로 바라보려는 열정이야말로 과학의 본질이라고 생각한다. 과학의 강점은 그 결론이 지닌 확실성에 있는 것이 아니라 인간이 얼마나 무지한 존재인지 철저히 깨닫는 데서 찾을 수 있다. 우리는 이런 자기 인식을 통해 기존의 지식에 의문을 제기하고 새로운 지식을 끊임없이 배울 수 있다.

우리가 지식을 향한 과학적 탐구를 계속할 수 있는 원동력은 확실성이 아니라 오히려 세상에 확실한 것이란 없음을 철저히 깨닫는 데서 나온다. 이런 사고방식은 매우 유동적이고, 끊임없이 진화하며, 엄청난 힘과 미묘한 마법을 동시에 지닌다. 나아가 세상의 모든 질서를 뒤집어 몇 번이고 다시 생각하는 힘을 발휘한다.

이처럼 과학적 사고를 전복적이고, 선구적이며, 진화하는 것으로 해석하는 태도는 실증주의 철학과도 다르지만, 한편으로는 과학을 단편적이고 무미건조하게만 바라보는 현대 철학과도 거리가 있다. 이 책은 세상을 항상 새로운 관점으로 바라보려는 과학의 비판적이고 반항적인 측면을 강조하려 한다.

세상을 재창조하는 작업이 과학적 모험의 핵심이라면, 그 모험의 기원을 뉴턴의 운동 법칙이나 갈릴레오의

 과학하는 인간의 태도

실험, 프랜시스 베이컨의 성찰 등에서 찾을 수는 없다. 고대 알렉산드리아의 천문학이나 수학도 마찬가지다. 과학적 사고의 기원은 인류 역사상 최초의 위대한 과학 혁명, 즉 아낙시만드로스의 혁명에서 찾아야 한다.

✥ ✥

인류의 사상사에서 아낙시만드로스의 중요성은 크게 과소평가되어왔다.✥ 여기에는 몇 가지 이유가 있다. 고대 사회에도 플리니우스[1]처럼(이 책의 발문에 인용된 바와 같이) 아낙시만드로스의 업적을 인정하는 과학적 성향의 인물이 있었지만, 이는 일부에 불과했다. 아리스토텔레스를 비롯한 몇몇 인물은 아낙시만드로스가 불확실한 자연주의적 접근법을 옹호한다고 생각했다. 그리고 그

✥　오늘날에는 상황이 다르다. 최근의 여러 연구는 이런 결론에 동의하고 있다. 대니얼 그레이엄Daniel Graham의 《우주론Explaining the Cosmos》은 이 책과 매우 유사한 결론에 도달한다. 디르크 쿠프리Dirk Couprie, 로버트 한Robert Hahn, 제라드 나다프Gerard Naddaf 등은 《아낙시만드로스 문헌 연구Anaximander in Context》의 서문에서 이렇게 말한다. "우리는 아낙시만드로스가 인류 역사상 가장 뛰어난 지식인 중 한 사람이었다고 확신하며, 지금까지 학계가 이 점을 충분히 인식하지 못했다고 판단한다." 아낙시만드로스의 우주론을 깊이 연구해온 쿠프리는 "단언컨대 그는 뉴턴에 버금가는 뛰어난 학자"라는 결론에 도달했다.

1　고대 로마의 박물학자, 정치인, 군인.

의 탐구 방식이 당시의 여러 문화적 흐름에 거세게 맞설 뿐만 아니라 큰 성과를 낳지 못했다고 여겼다. 실제로 이런 자연주의적 지식 탐구가 현대 과학의 풍부한 결실로 이어지기까지는 오랜 성숙과 수많은 방법론적 조정을 거쳐야 했다.

또한 오늘날 아낙시만드로스의 사상이 과소평가되는 뿌리에는 과학과 인문학을 전혀 다른 것으로 보는 현대의 악습이 자리하고 있다. 주로 과학 분야에서 쌓은 나의 지식적 배경만으로 약 2,600년 전에 살았던 사상가의 업적을 평가하기에는 위험이 따른다는 것을 잘 알고 있다. 하지만 그에 관한 오늘날의 평가에 나와 반대되는 문제가 있다는 것도 충분히 인식하고 있다.

역사나 철학 전공자들은 과학적 성격과 전통을 지닌 고대 문헌의 중요성을 제대로 평가하지 못할 수 있다. 심지어 아낙시만드로스가 남긴 업적의 중요성을 기꺼이 인정한 저술가들(앞의 각주에서 언급한)조차 과학 발전에 공헌한 그의 다양한 통찰이 어떤 역사적 의미를 지니는지 완전히 파악하지 못한 것 같다. 나는 이 책에서 그 중요성을 강조하려 한다.

나는 역사가나 그리스 철학 전문가가 아니라, 과학적 사고가 인류 문명의 오랜 발전에 미친 영향을 탐구하려는 현대 과학자 중 한 사람으로서 아낙시만드로스를 검토하려 한다. 그를 기술한 거의 모든 문헌과 달리, 이 책의 목표는 그의 사상과 우주관을 충실히 재구성하는 데 있지 않다.✝ 그 문헌들이 이미 재구성한 결론에 도전하겠다는 것도 아니다. 다만 그 속에 담긴 심오한 사고, 보편적 지식의 발전에 미친 아낙시만드로스의 영향을 재조명하려는 것이다.

유의미한 성과를 내지 못했다는 당대의 섣부른 판단, 과학과 인문학을 구별하는 현대의 편견(과학적 사고에 대한 인문학 연구자들의 무관심)으로 인해 아낙시만드로스의 사상은 과소평가되어왔다. 그런데 나는 이런 평가에 더욱 근본적인 이유가 있다고 생각한다. 그것은 과학적 사고의 가장 중요한 측면에 관한 오해에서 비롯한다.

과학에 관한 19세기식 확실성, 과학이 세상을 이해

✝ 이 점에 있어서는 찰스 칸Charles Kahn, 마르셀 콩슈Marcel Conche, 그리고 비교적 최근에는 쿠프리 같은 고전주의 역사가들이 힘들여 연구해놓은 놀라운 업적에 기대고 있다.

하는 최종적 지식이라고 생각하던 태도는 이미 사라진 지 오래다. 이런 인식 전환의 결정적 계기는 다름 아닌 20세기 물리학 혁명[2]이다. 뉴턴의 고전역학이 그 혁혁한 성과에도 불구하고 모든 물리현상을 설명할 수 있는 절대적 법칙이 아니라는 사실이 밝혀진 것이다. 그 이후 과학철학의 상당 부분이 이런 백지 상태에서 과학의 본질을 재정의하려는 시도였다.

어떤 학파들은 과학의 확실성을 회복하고자 했다. 가령 과학 이론을 수치 예측의 도구로만 보고, 그 내용을 관찰이나 실험으로 확인할 수 있는 영역에 한정하는 것이다. 또 다른 학파는 과학 이론을 다소 임의적인 정신적 구성물로 보기도 했다. 그래서 과학 이론을 현실에 직접 대조하기는커녕, 과학 이론끼리도 서로 비교해 시비를 가릴 수 없다는 것이다.

그런데 이런 사고방식은 과학 지식의 질적이고 누적적인 측면을 놓치게 만든다. 우리로 하여금 세상을 거꾸로 보게 하고, 시야를 넓혀주는 과학의 의미를 간과하게 만드는 것이다. 이는 결코 경시되지 말아야 한다. 과학의

---

2   아인슈타인의 상대성이론과 양자역학이 등장하며, 시공간과 물질에 절대적 성질과 규칙이 있다고 믿던 고전적 세계관이 붕괴된 사건을 말한다.

　　　　과학하는 인간의 태도

질적이고 누적적인 측면은 단순한 수치 데이터와도 분리될 수 없고, 그렇기에 이런 측면을 중시할 때 과학은 비로소 제 역할을 다할 수 있다. 무엇보다 과학의 본질은 확정적 결과에 있지 않다. 세상을 보는 다른 시각을 얻어가는 것이야말로 과학의 동기와 관심사를 뒷받침하는 핵심 요소다.

한편, 이와 정반대되는 흐름이 만들어지기도 했다. 오늘날 일부 문화는 과학 지식을 급진적으로 평가절하하며 광범위한 반反과학주의를 키워왔다. 21세기 초 세계 곳곳에서 과학의 합리성을 의심하는 흐름이 만들어졌고, 문화계와 일상생활에서는 일종의 비합리주의가 나타나기 시작했다. 반과학주의의 뿌리는 과학이 세계를 이해하는 결정적 열쇠가 될 수 없다는 자각, 즉 무지를 인정하는 것에 대한 두려움이었다. 세상에 확실한 것이 없다고 인정할 바에 잘못된 확실성에라도 기대고 싶다는 것이었다.

그러나 우리가 과학의 답변을 신뢰하는 것은 그것이 확실하기 때문이 아니다. 지식의 발전 과정에서 그것이 지금 우리에게 주어진 최선의 답변이기 때문이다. 확실성의 부족은 결코 약점이 아니다. 오히려 그것은 호기심과 저항, 변화로 대표되는 합리적 사고의 전형적 강점이다. 과거에도 항상 그랬다. 과학은 어떤 답변이든 확정적으로 여기지 않고, 그 덕분에 끊임없이 더 나은 해답을 모색할 수 있다.

이런 관점에서 볼 때, 3세기에 걸친 뉴턴의 과학 혁명은 진정한 과학 혁명이 아니다. 오히려 그 시기는 위대한 성공의 그늘에 가린 휴식기에 불과하다. 아인슈타인은 뉴턴의 이론에 도전하면서 세상의 더 나은 작동 원리를 발견할 수 있다는 가능성에 전혀 의문을 품지 않았다. 그는 맥스웰, 뉴턴, 코페르니쿠스, 프톨레마이오스, 히파르코스, 아낙시만드로스 등의 발자취를 따랐다. 앞선 세대로부터 물려받은 세계관의 오류를 인식하고, 그 너머의 가능성을 내다보며 지식을 계속 발전시킨 것이다.

이렇게 위대한 과학자들(그리고 수많은 다른 과학자)이 이룩한 발전은 우리의 세계관뿐만 아니라 그 세계관을 구성하는 사고방식 자체를 끊임없이 바꿔왔다. 이런 지적 모험의 닻을 내릴 방법론적이고 철학적인 정착지, 즉 모든 문제를 해결하는 열쇠를 찾으려는 시도야말로 과학의 본질인 진화와 비판을 정면으로 부인하는 태도다.

우리가 세상에 관해 아는 것은 극히 일부에 지나지 않는다. 그 일부를 바탕으로 '우리는 세상이 어떤 모습인지 안다'라고 주장하는 것은 순진한 일이다. 하지만 내일 우리가 조금 더 알게 될 수도 있다는 이유만으로, 지금 우리가 아는 바를 경멸하는 것은 그야말로 어리석은 일이다. 더 정밀한 지도가 존재할 수 있다고 해서 지금의 지도가 지니는 인식적 가치가 쓸모없어지는 것은 아니다.

우리는 지적 여정의 매 걸음마다 오류를 바로잡고, 조금 더 멀리 볼 수 있게 해주는 지식을 하나씩 얻어간다. 오늘날 인류는 '진리의 수호자'를 자처하는 자들의 확신과 거리를 두면서도, (현대 문화의 일부가 원하는) 옳고 그름을 분별하지 못하는 상태에 빠지지 않는 지식의 길을 걷고 있다.

과학적 사고의 뿌리를 찾는 과정은 고대까지 거슬러 올라간다. 인류가 자연을 합리적으로 탐구하기 시작한 첫걸음을 살펴보는 것은 과학적 사고의 본질을 드러내는 핵심적 방법이다. 나는 이런 성찰이 현대 기초과학에도 여전히 중요하다고 생각한다. 우리는 지금도 아인슈타인이 열어젖힌 과학 혁명의 한가운데를 지나고 있다. 아낙시만드로스에 관해 생각하는 것은 이 혁명의 의미를 고민하는 것이기도 하다.

과학 분야에서 나의 주요 관심사는 현대 이론물리학의 대표적 미해결 과제인 양자 중력 문제다. 이를 해결하기 위해서는 시공간의 본질에 관한 우리의 이해가 다시 한번 바뀌어야 할지도 모른다. 아낙시만드로스는 '하늘은 위에 있고 땅은 아래에 있다'라는 고정관념을 벗어나 '지구가 우주 공간에 떠 있다'라는 새로운 인식으로 나아가는 데 성공했다. 어떻게 그런 엄청난 세계관의 혁신이 가능했을까? 그리고 그것이 어떤 의미에서 옳다고 볼 수 있을까? 그 맥락을 이해할 때, 현대 물리학의 거대한 과제에도 제대로 대응할 수 있을 것이다.

✛ ✛

마지막으로, 지금까지보다 더 어려운 여정이 남아 있다. 아마 답보다는 질문으로 이뤄진 여정이 될 것이다. 자연에 관한 합리적 사고가 남아 있는 고대 문헌을 살펴보면, 그전 시대부터 이어져온 지식을 엿볼 수 있다. 그것은 오늘날에도 여전히 합리적 사고의 대안으로 인정받고 있다. 그야말로 인류의 합리적 사고가 태어나고 수많은 분화와 반론을 거쳐 현대에 이른 지식의 모태다.

아낙시만드로스는 "자연으로 가는 문을 열어"(플리니우스의 표현이다) 두 가지 매우 상반된 사고방식 사이에 갈등의 불을 붙였다. 하나는 그 시대의 정신이었던 신화와 종교다. 대체로 확실성을 기반으로 하는 속성상 의문을 제기하는 것이 사실상 불가능한 사고방식이다. 다른 하나는 확실성을 거부하고 호기심과 변화를 추구하는 새로운 세계관이다. 이후 수 세기에 걸친 서구 문명의 역사는 두 가지 사고방식 사이의 갈등이 빚어낸 결과였으며, 그것은 지금까지도 이어져오고 있다.

두 가지 상반된 사고방식이 한동안 평화롭게 공존한 시기가 있었으나 오늘날 다시 한번 둘 사이의 충돌이 나타나고 있는 듯하다. 비합리성과 종교적 사고에 바탕을 둔 수많은 주장이 정치적·문화적 관점으로 모습을 바꾼 채 현대에 다시 한번 맹위를 떨치고 있다. 합리적 사고와 신화적·종교적 사고의 충돌이 재현되며 우리는 계몽주의 시대의 갈등으로 돌아가고 말았다.

지난 10년이나 심지어 과거 몇 세기만 고려해서는 사태를 분명히 파악할 수 없다. 이 둘 사이의 갈등은 우리가 생각하는 것보다 훨씬 심오한 차원에서 이뤄지는 일이다. 이것은 몇 세기가 아니라 수천 년에 걸쳐 진행되는 갈등이다. 그 원인은 인류 문명의 느린 진화와 뿌리 깊은 개념적 구조, 그리고 정치적·사회적 차원의 점진적 진화 과정에서 찾아야 한다.

이토록 방대한 주제에 대해 내가 할 수 있는 일이라고는 이 책의 마지막 장에서 질문을 던지고 성찰의 근거를 몇 가지 찾는 것 정도가 고작일 것이다. 그러나 나는 이런 주제가 우리 세계와 미래를 결정짓는 핵심이라고 생각한다. 두 사고방식 사이의 갈등과 불확실한 결과는 하루도 빠짐없이 인류의 삶과 운명을 결정한다.

아낙시만드로스의 중요성을 과장할 생각은 없다. 오늘날 우리가 아낙시만드로스에 관해 아는 지식은 극도로 제한되어 있다. 그러나 약 2,600년 전 이오니아 해안에 살던 누군가가 지식과 인류를 위한 새로운 길을 개척했다. 기원전 6세기의 세계는 짙은 안개 속에 숨어 있고, 우리가 아낙시만드로스에 관해 아는 지식은 형편없는 수준이다. 그러니 이 거대한 혁명이 온전히 그의 공이라고 단언할 수는 없다.

하지만 그의 시대에 호기심과 변화를 바탕으로 하는 사고방식이 탄생한 것만은 틀림없다. 이런 혁명이 아낙시만드로스 개인의 공인지, 아니면 그의 이름이 혁명의 주체로 고대 자료에 남아 있을 뿐인지는 중요하지 않다. 이 책의 주제는 먼 옛날 지금의 튀르키예 해안에서 시작되어 여전히 진행 중인 놀라운 혁명이다.

차례

1장

어느 해변에서 시작된 혁명

문명의 성장과 경쟁

기원전 6세기는 역사적으로 그리 잘 알려진 시기가 아니다. 밀레토스에서 아낙시만드로스가 태어난 기원전 610년은 페리클레스[1]와 플라톤이 활동하던 그리스 문명의 황금기보다 200년 정도 앞선 시기다. 전승에 따르면 당시 로마의 통치자는 제5대 왕인 타르퀴니우스 프리스쿠스[2]였다고 한다. 비슷한 시기에 켈트족은 밀라노에 자리 잡았고, 아낙시만드로스가 살던 이오니아 출신의 그리스인들은 마르세유에 정착했다.

그보다 2세기 앞서 호메로스(혹은 그렇게 불리던 이)가 서사시 《일리아스》를 집필했고, 헤시오도스가 쓴 서사시

---

[1] 기원전 5세기 아테네 정치가. 민주정치를 실시해 정치적 안정을 실현했고, 파르테논 신전 건설을 이끄는 등 도시에 문화적 황금기를 가져왔다.

[2] 기원전 616년에서 578년까지 재위.

《일과 날》도 이미 나와 있었지만, 그 외에 우리가 아는 그리스 시인, 철학자, 극작가들의 작품은 아직 세상에 존재하지 않았다. 밀레토스에서 멀지 않은 섬에 살았던 사포는 아직 어린 소녀였다.

세력이 막 커지기 시작하던 아테네는 가혹하기로 악명 높은 드라콘의 법에 따라 통치되었으나, 그 시기에 태어난 솔론은 장차 민주주의 요소가 가미된 최초의 헌법을 작성한다. 당시 지중해 세계는 결코 원시사회가 아니었다. 인류는 적어도 1만 년 전부터 도시 생활을 해온 터였다. 고대 이집트 왕국이 이미 약 2,600년 전에 존재했으므로 현대와 아낙시만드로스 시대만큼이나 먼 과거의 일이었던 셈이다.

아낙시만드로스가 태어나기 2년 전, 아시리아의 수도 니네베가 함락된 것은 포악한 거대 제국의 종말을 알리는 중요한 사건이었다. 이로써 인구가 20만이 넘는 수도 바빌론은 수천 년 전에도 그랬듯이 다시 한번 세계 최대 도시의 자리에 올랐다. 니네베를 함락한 바빌론의 통치자는 나보폴라사르였으나 이 도시가 예전의 영광을 회복한 기간은 그리 길지 않았다. 키루스 1세가 다스리던 동쪽의 페르시아 세력이 이미 꿈틀거리고 있었고, 머지않아 페르시아 제국이 메소포타미아 지역의 패권을 장악했다.

한편, 이집트는 제26왕조의 초대 파라오인 프삼티크 1세의 오랜 치세가 막바지에 이르고 있었다. 그는 몰락하는 아시리아 제국으로부터 독립을 쟁취하고 이집트를 번영으로 이끌었다. 프삼티크 1세는 그전부터 그리스 세계와 긴밀한 관계를 맺어온 터였다. 그는 수많은 그리스 용병을 이집트 군대에 수용했고, 그리스인들의 이집트 정착을 장려했다. 밀레토스는 나우크라티스[3] 지역에 기항지寄港地를 두고 있었다. 따라서 아낙시만드로스는 이집트 문화를 깊이 경험하며 자랐을 가능성이 매우 크다.

예루살렘은 다윗 왕가의 여호수아가 다스리고 있었다. 그는 아시리아 제국이 약해지고, 바빌론의 왕권도 아직 완전히 회복되지 않은 불안한 국제 정세를 틈타 여호와 유일신 신앙을 내세우며 국가적 자부심을 고취했다. 여호수아는 바알[4]과 아스타르테[5] 같은 이방 신을 모시는 제물과 성전을 모두 허물었고, 성직자들을 학살한 다음 시체의 뼈를 수습해 제단에 불태웠다. 그의 이런 행동

---

3   이집트 북부 나일강 삼각주 위쪽에 자리한 고대 그리스 도시.

4   풍요와 자연을 상징한 고대 가나안의 신.

5   풍요와 생식을 상징한 고대 페니키아의 여신.

은 나중에 이방 종교를 대하는 일신론의 배타적이고 공격적인 태도의 전형이 되었다. 이스라엘 민족은 아낙시만드로스가 아직 살아 있던 시기에 다시 포로가 되어 바빌론으로 추방된다. 그들은 노예가 된 자신의 처지를 자각했고, 수 세기 전에 모세와 함께 이집트에서 탈출했듯이 다시 한번 자유를 쟁취한다.

이런 일련의 소식은 밀레토스인들의 귀에도 들어갔으나, 그 외 다른 지역의 소식은 전해지지 않았던 것 같다. 북유럽은 청동기시대를 지나 철기시대로 막 접어든 상태였다. 아메리카 대륙에서는 고대 올멕 문명[6]이 이미 쇠퇴하고 있었다. 인도 북서부에는 마하자나파다[7]가 형성되었다. 아낙시만드로스와 같은 시대에 인도의 마하비라가 창시한 자이나교는 모든 생명체는 존엄하므로 폭력을 가해서는 안 된다고 설파했다. 서양의 인도유럽인들은 이미 더 나은 세계관을 모색하고 있었고, 동양인들은 인생을 더욱 잘 살아가는 방법을 성찰했다.

당시 중국은 주周나라 광왕匡王이 제20대 왕에 막 즉위

6　기원전 1200년경부터 400년경까지 메소아메리카에서 번성했던 고대 문명.

7　'대국'이라는 뜻으로, 기원전 6세기경 인도 북부 갠지스강 유역에 병존한 16개의 강대국을 가리킨다.

한 시기였다. 이때가 바로 중앙 권력이 약해지고, 봉건 제후들이 서로 충돌하며, 문화적 다양성과 창의성이 꽃을 피우던 춘추전국시대였다. 중국은 이후 오랫동안 이 시기만큼 활발한 문화적 생산력을 다시 경험하지 못했다. 어쩌면 그 대가로 내정의 안정을 누렸다고 볼 수도 있을 것이다. 그것조차 불완전한 평화이기는 했으나 끝없이 전쟁에 휘말린 서양에 비하면 훨씬 사정이 나았다.

인류 문명은 수천 년 전부터 존재했고, 아낙시만드로스가 태어난 기원전 6세기 초에 이르면 이미 고도로 발전된 구조를 갖추고 있었다. 대륙 간 상품 교역과 사상 교류도 활발했다. 밀레토스에서는 이미 중국 비단을 구할 수 있었고, 그것이 아테네까지 전해진 것은 2세기 후의 일이었다. 남성은 주로 농사와 목축, 낚시, 사냥, 상업 등에 종사했고, 오늘날과 같이 전쟁을 통해 권력과 부를 축적하는 사람도 나오기 시작했다.

지식의 발전: 문자, 수학, 천문학

아낙시만드로스가 살던 세계의 지식수준과 문화적 기풍은 어땠을까? 대답하기 어려운 질문이다. 하필 기원전 6세기를 기점으로 현존하는 역사적 기록물의 양이 현저

한 차이를 보이기 때문이다. 그러나 오늘날까지 강력한 영향을 미치는 몇몇 위대한 작품이 당시에 이미 편찬되어 있었다.

성경 일부(구약의 신명기가 이 시기의 기록물로 추정된다), 이집트의 《사자의 서》[8], 메소포타미아의 서사시 《길가메시》, 인도의 서사시 《마하바라타》, 그리스의 서사시 《일리아스》《오디세이》 같은 작품들이 대표적이다. 이들은 모두 인간이 자신의 정체성과 꿈, 어리석음 등을 성찰하는 화려하고 웅장한 이야기를 담고 있다.

인류가 처음 문자를 사용하기 시작한 시기는 그보다 3,000년 앞선다. 성문법의 등장도 최소한 1,200년을 거슬러 올라간다. 바빌론의 제6대 왕 함무라비는 법전을 제정해 현무암 비석에 새겼고, 그것을 광대한 제국의 모든 도시에 세웠다. 이것이 최초의 성문법이다.[9] 그중 하나가 파리 루브르박물관에 전시되어 있는데, 비문의 번역본을 읽을 때마다 말할 수 없는 감동이 밀려온다.

---

8   일종의 사후 세계 안내서로, 장례 때 고인의 미라와 함께 관 속에 넣어 매장했다.

9   사실 함무라비 법전은 인류 최초의 성문법이 아니다. 고대 수메르 문명의 우르남무 법전이 약 3세기 앞서 만들어졌다. 다만 함무라비 법전이 20세기 초에 먼저 발견·공개되면서 가장 오래된 성문법으로 오해되었다.

과학 지식은 어떤 수준이었을까? 수학의 기초 원리는 이집트, 그중에서도 바빌론을 중심으로 발달했다. 이 사실은 당시 기록된 수학 문제와 해법이 바빌론에서 발굴되며 세상에 알려졌다. 이집트의 젊은 필경사들은 곡물을 공평하게 나눠줄 정도의 간단한 나눗셈을 익히고 있었다. (예컨대 이런 문제였다. 상인이 2명의 일꾼에게 20자루의 곡물로 삯을 치르려 한다. 그런데 한 일꾼이 다른 일꾼의 3배만큼 일했다면, 각각 몇 자루의 곡물을 줘야 할까?)

어떤 수를 2, 3, 4, 5 등으로 나누는 법은 알려져 있었지만, 7로 나누는 법은 알려져 있지 않았다.[10] 7로 나누는 문제는 계산이 깔끔하게 떨어지지 않았고, 꼭 7로 나눠야 한다면 문제를 아예 다른 형태로 바꿔 해결했다.[11] 오늘날 파이π로 알려진 상수(3.14…)는 지름을 기준으로 비율을 계산해 원의 둘레를 구하는 데 사용되었으나, 그 정확한 값은 아직 알려지지 않았다.

이집트인들은 세 변의 비율이 3:4:5인 삼각형이 직각삼각형이라는 것을 알고 있었다. 이집트와 바빌론의 수

---

10   고대 메소포타미아는 60진법을 썼고, 60의 약수나 그 조합으로 나눌 때만 결과가 유한하게 떨어졌다.

11   나눗셈을 곱셈의 방정식으로 재구성하거나, 근삿값을 이용한 반복 계산으로 오차를 줄여가는 방식이었다.

학 지식을 종합적으로 평가하면 오늘날 초등학교 2, 3학년과 거의 맞먹는 수준이었다. 고대 바빌론의 수학이 일찍 놀라운 발전을 이룩했다는 이야기를 들어봤을 것이다. 맞는 말이지만 그 의미를 올바로 해석해야 한다. 오늘날 초등학교에서 배우는 지식조차 인류가 그리 쉽게 얻은 것은 아니라는 뜻이다.

이집트, 바빌론, 예루살렘, 크레타, 미케네, 중국, 멕시코 등 지구상 거의 모든 곳에서 지식은 왕실과 제국의 궁정에 집중되어 있었다. 최초 거대 문명의 정치 구조는 기본적으로 중앙집권적 군주제였다. 즉, 거대 문명은 대규모 군주제와 동의어인 셈이다. 법률, 교역, 문서, 지식, 종교, 정치 구조 등은 모두 왕실과 궁정 안에 존재했다. 군주제라는 정치 구조는 문명의 발전을 이룩한 원동력이었다. 거대하고 복잡한 문명을 건설하고 유지하는 데 필요한 보안과 안정은 군주제로부터 나왔다. 그 안정은 유지될 때도, 무너질 때도 있었다.

바빌론 궁정은 중요하고 주목할 만한 사실들을 꾸준히 기록했다. 여기에는 곡물 가격과 각종 재앙에 관한 설명, 그리고 일식이나 행성의 위치(장차 과학 발전에 결정적 역할을 하는 정보들이다)를 비롯한 천문학 데이터들이 포함되어 있었다.

 과학하는 인간의 태도

그로부터 8세기 후인 로마 제국 시대의 천문학자이자 지리학자 프톨레마이오스도 고대 바빌론의 기록 보관소에 소장된 데이터가 충분히 사용할 수 있을 정도의 신뢰도를 지니고 있다고 생각했다. 그는 행성의 위치를 기록한 바빌론 문서가 온전히 남아 있지 않은 점을 아쉬워했지만, 아낙시만드로스보다 1세기 앞선 기원전 747년경인 나보나사르 왕 치세에 작성된 일식 표를 사용할 수 있었다. 심지어 프톨레마이오스는 천문학 계산의 정확도를 높이기 위해 나보나사르 왕의 재위 시작 연도를 원년으로 삼기도 했다.

천문 데이터가 기록된 역사는 훨씬 더 오래되었다. [그림 02](34쪽)에 나타난 쐐기형 서판은 이미 암미사두카 왕 재위기인 기원전 1600년경, 즉 아낙시만드로스보다 1,000년 앞선 시기에 금성이 하늘에서 어느 위치에 있는지를 정확히 기록하고 있다.

이런 고대 천문학에 관해 곰곰이 생각해보면 이후 과학 발전의 역사와 관련된 중요한 질문을 떠올릴 수 있다. 바빌론 사람들에게 이런 데이터는 어떤 의미를 지녔을까? 그들은 왜 이런 기록을 남겼을까? 바빌론 사람들은 왜 하늘을 관찰했을까?

바빌론 사람들이 하늘에 관심을 기울인 이유는 수십

│그림 02│ 기원전 7세기 아시리아의 수도 니네베 지역에서 출토된 쐐기형 서
판. 이 서판에는 그로부터 1,000년 전인 암미사두카 왕 치세에 금성의 운행을
관측한 내용이 기록되어 있다. 런던 영국박물관 소장.

만 개에 달하는 고대 석판에 명확히 기록되어 지금까지 전해진다. 그들은 특정 천문 현상의 패턴에 주목해 이를 실용적으로 활용했다. 그리고 하늘과 땅에서 벌어지는 일 사이의 관계를 정립하려 노력했다. 이 두 가지 동기를 각각 따로 설명해보자.

지중해의 기후는 농부들이 연간 주기를 신중하게 따를 수밖에 없도록 한다. 달력이나 신문도 없었던 시대에, 계절이 뚜렷하게 구분되지도 않았던 이 지역 농부들은 어떻게 이런 주기를 따를 수 있었을까? 해답은 바로 하늘과 별에 있었다. 인류는 수 세기 전부터 이 사실을 알고 있었고, 그 지식은 널리 퍼져 있었다. 헤시오도스는 《일과 날》에서 이런 현상을 아름답게 묘사했다.

아르크투루스가 성스러운 바다를 떠나 황혼에 처음 밝게 떠오르면, 그 뒤를 따라 봄이 막 시작될 때 판디온의 딸 제비[12]가 날카로운 울음소리를 내며 남자들에게 나타난다. 그녀가 오기 전에 덩굴을 가지치기하는 편이 제일 좋다. (…)

---

12   판디온은 그리스신화에 등장하는 아테네의 전설적 왕으로, 그의 딸 프로크네는 비극적 복수 끝에 신에 의해 제비로 변신한 인물이다.

그러나 오리온과 시리우스가 중천에 떠오르고 새벽의 장밋빛 손가락이 아르크투루스를 가리킬 때가 되면 페르세스여, 포도송이를 모두 따서 집으로 가져오라. 그것을 열흘 밤낮에 걸쳐 햇볕에 쬔 다음 닷새 동안 덮어 뒀다가 엿새가 되는 날에는 그릇에 따라 디오니소스 신을 기쁘게 하라. 그러나 플레이아데스와 히아데스, 그리고 강한 오리온이 지기 시작하면 제철에 쟁기질하기를 잊지 말라. 그렇게 한 해를 무사히 마치면 다시 땅속으로 돌아갈 것이다.

시의 수신인인 페르세스는 헤시오도스의 동생이다. 시인은 계속해서 이렇게 말한다.

그럼에도 고달픈 항해의 욕망이 너를 사로잡는다면, 그리고 플레이아데스가 오리온의 버릇없는 힘에서 벗어나기 위해 안개 긴 바다로 뛰어든다면, 그때야말로 온갖 분노가 광풍을 몰고 올 것이다.

헤시오도스는 별을 관찰하면 1년의 모든 달을 쉽게 알 수 있다고 말한다. 저녁 바다 위에 아르크투루스가 보이는 계절은 봄이고, 오리온자리와 큰개자리(시리우스)가

 과학하는 인간의 태도

머리 위에 떠오르는 시기는 가을의 시작이며, 플레이아데스가 완전히 지면 겨울이 시작된다는 뜻이다. 구약의 창세기에도 여호와가 넷째 날에 "징조로 삼기 위해" 별들을 만들었다고 기록되어 있다.

다시 말해 이미 수 세기 전부터 농민들은 태양과 별이 하늘을 운행하는 이치를 잘 알았고, 심지어 오늘날 평균적 학력을 지닌 사람보다 훨씬 나은 천문 지식을 가지고 있었음이 틀림없다. 헤시오도스는 지금이 1년 중 어느 시기인지 알려면 새벽에 동쪽에 어떤 별자리가 나타나는지 보면 된다는 사실을 상식으로 여겼다. 오늘날에는 대학교수 중에도 그렇게 할 수 있는 사람이 드물다.

심지어 여름날의 무더위를 노래한 헤시오도스의 시구절을 보면, 그는 별 자체가 인간의 지각에 영향을 미친다고 생각한 듯하다.

엉겅퀴가 꽃을 피우고 매미가 나무 위에 앉아 날개를 세차게 흔들며 날카롭게 울어대면 염소는 어느 때보다 살이 오르고 와인은 최고로 무르익는다. 여인의 욕망은 한계를 모르고 남자는 모두 메말라간다. 이 모든 일은 시리우스의 강렬한 빛이 그들의 머리와 무릎을 말리고, 그 열이 그들의 피부를 태워버리기 때문에 벌어진다.

이 시에서 남성의 무력함을 시리우스 탓으로 돌리는 표현을 문자 그대로 받아들여야 할지, 아니면 단지 여름을 지칭하는 은유로 봐야 할지 구분하기는 어렵다. 이런 구분이 시의 맥락에서 별로 중요하지 않을 수도 있다. 헤시오도스는 시리우스가 중천에 떠 있는 여름에 남성이 허약해진다고 말했을 뿐, 그 원인을 설명하는 이론에는 전혀 신경 쓰지 않는다. 우리가 평소에 "오후만 되면 졸음이 쏟아진다"라고 말할 때, 그 원인이 정오라는 시간인지 아니면 점심 식사인지 깊이 생각하지 않는 것처럼 말이다.

이런 생각은 고대 천문학의 더 중요한 두 번째 역할로 이어진다. 당시 천문학은 천체 현상과 인간의 삶에 직접 영향을 미치는 사건들 사이의 관계를 확립하려는 노력이었다. 천상의 일과 인간사의 관계는 오랜 옛날부터 사람들의 가장 큰 관심사였다. 기원전 6세기에도 그런 구분이 의미가 있었다면, 그것을 필연으로 인식했는지 아니면 일시적 우연으로 인식했는지는 충분히 생각해볼 만하다. 바빌론 시대로 다시 돌아가면, [그림 02]의 서판에는 이런 기록이 남아 있다.

이달 제15일에 금성이 사라졌다.† 금성이 하늘에서 사라진 기간은 사흘이다. 그리고 11월 18일에 동쪽에서

 과학하는 인간의 태도

다시 나타났다. 샘이 다시 흐르기 시작했고, 아다드 신
은 비를 내리고 에아 여신은 홍수를 보냈다.

하늘의 일과 땅의 사건을 연결하는 계시는 천문학과
관련된 거의 모든 고대 쐐기문자 기록에서 찾을 수 있다.
다음은 같은 시기의 다른 기록들로, 새벽이 오기 전에 태
양이 하늘에서 보여주는 모습을 해석한 내용이다.

니산월++에 새벽하늘이 피로 물들고 창백한 빛이 드리
우면 그 땅의 반란은 죽지 않고 아다드 신은 살육을 일
삼으리라.

니산월에 새벽하늘이 핏빛으로 물들면 그 땅에 전투가
벌어지리라.

니산월의 제1일 새벽하늘에 핏빛이 보이면 혹독한 일
이 벌어져 사람의 살이 희생되리라.

니산월의 제1일 새벽하늘이 피로 물들고 창백한 빛이 드리우면 왕이 죽어 온 땅이 애도하리라.

만약 이런 일이 니산월의 제2일에 일어나면 왕의 고위 관리 하나가 죽고 땅에는 애도가 이어지리라.

니산월의 제3일 새벽하늘이 피로 물들면 일식이 일어나리라.

바빌론의 기록들은 일식이나 행성의 위치 등 천문학 데이터를 확보하려 애쓴 근본적 동기가 무엇인지 분명히 보여준다. 이런 천체 운행의 정보가 전쟁과 홍수, 지도자의 사망 같은 인간사와 밀접한 관련이 있다고 믿었던 것이다. 근거가 전혀 없는 오류투성이의 믿음이지만, 오늘날에도 많은 사람, 심지어 교육 수준이 대단히 높은 국가의 고위층에게서도 이런 믿음이 심심찮게 발견되는 것이 현실이다.

고대 바빌론 사람들은 천문학 데이터 속에서 천상의 일과 인간사 사이의 패턴과 관계를 찾았다. 그들은 천체 현상 사이의 관계에도 관심을 가졌다. 아낙시만드로스 시대의 사람들이 일식을 어느 정도 예측했을 가능성도

있다. 일식을 시간 순서로 관찰할 때 일정한 패턴이 나타
난다는 점을 고려하면 이것은 그리 어려운 일이 아니다.
똑똑하고 의욕 있는 사람이라면 데이터를 검토해 이런
패턴을 충분히 찾을 수 있었을 것이다.✢

고대 그리스인들이 아낙시만드로스의 스승인 탈레스
가 일식을 예언한 사실에 놀랐다는 기록이 있지만, 그가
어떻게 그것을 예측했는지는 아무도 몰랐다. 그 이야기
가 사실인지는 확신할 수 없지만, 만약 사실이라면 탈레
스는 그전에 바빌론 궁정을 방문했을 가능성이 크다.

✦ ✦

동양의 천문학을 살펴보면 또 다른 목적이 있음을 알
수 있다. 기원전 6세기에는 이미 그 유명한 중국의 천문
제도가 수립되어 있었던 듯하다. 기원전 400년경에 기록
된 《서경》에 따르면 중국 천문학은 기원전 2000년경에
삼황오제 전설의 요堯임금이 시작한 것이라고 한다.

✢　태양과 달, 지구의 상대적 위치는 18년 11일 8시간 주기로 거의 똑같은 상태
　를 반복한다. 일식의 시간 순서는 이 주기를 따라 거의 똑같이 반복되므로 대
　략적 예측은 비교적 쉽게 할 수 있다. 이 주기를 '사로스 주기'라고 한다.

《서경》에는 다음과 같은 기록이 있다.

> (요임금이) 희씨羲氏와 화씨和氏에게 경건한 마음으로 드넓은 하늘을 관측한 결과에 따라 해와 달과 별, 황도의 운행과 형상을 계산하고 기록해 사람들에게 계절을 진실하게 전달하라고 명했다.

희씨와 화씨는 아들이 둘씩 있었는데, 그들을 땅의 네 변방으로 각각 파견해 하지·동지와 춘추분을 측정하는 임무를 맡겼다. 이윽고 요임금은 희씨와 화씨에게 다음과 같이 일렀다.

> 아! 희와 화여, 1년은 366일로 이뤄진 것이로구나. 윤달을 제정해 사계절을 확정하고 1년을 비로소 완성하게 하라. 이로써 모든 관리를 다스리면 1년에 할 일을 모두 이룰 수 있으리라.

천체 현상을 조사하고 제도를 수립할 때 마주치는 가장 큰 문제는 역시 역법이다.✝ 중국 천문학은 아낙시만드로스 시대로부터 약 2세기가 지난 한漢나라 시대에 와서야 본격적으로 발전했으므로 바빌론보다 훨씬 늦었다

     과학하는 인간의 태도

고 볼 수 있다.

　이후 약 1,000년에 걸쳐 중국 천문학자들은 행성의 위치와 일식을 예측하는 가장 기초적인 기법을 개발했다. 중국의 황실 천문 기관은 20세기가 넘는 기간 동안 존속되었다. 그동안 방대한 관측 자료를 축적했고, 엄격한 시험을 통해 능력으로 선발된 최고의 인재들까지 갖췄다. 하지만 그 성과가 뛰어나다고 보기는 어려웠다. 17세기만 해도 이 기관의 천체 현상 예측 능력은 1,500여 년 전에 기록된 프톨레마이오스의 《알마게스트》에 비해 크게 뒤떨어졌다. 그들은 아직 지구가 둥글다는 사실조차 파악하지 못하고 있었다.

✢　마야력, 중국력, 율리우스력, 그레고리우스력에 이르기까지 역법은 많은 문명이 골머리를 앓던 문제였다. 날짜를 따지는 가장 쉬운 방법은 달이 차고 이지러지는 정도를 관찰해 계산하는 것이다. 보름달과 초승달, 상현달과 하현달은 식별이 쉬워 그 사이 날수(약 7일)만 세면 된다. 따라서 가장 간단하고 보편적인 역법은 음력이다. 그런데 여기에는 두 가지 문제가 있다. 첫째, 농사에 필요한 장기간의 주기를 따지는 데는 연간 태양 주기, 즉 양력이 더 적합하다. 다만 태양년은 약 365.24일로 그 시작과 끝을 표시하기가 어렵다(그래서 요임금도 하지와 동지, 춘분과 추분을 측정하는 임무를 전문가에게 맡겨야 했다). 둘째, 태음월도 약 29.53일로 딱 떨어지지 않는다. 따라서 음력의 주기를 일정하게 맞추려면 29일과 30일을 번갈아 배치해야 한다. 몇 달, 몇 해에 걸쳐 달과 태양의 위상을 일정하게 맞추기는 거의 불가능하다. 결국 오늘날의 역법에서는 실제 달의 차고 이지러지는 거동과 상관없이 30일과 31일이 인위적으로 배치되고, 4년마다 윤년이 도입되며(100의 배수인 해는 제외하고, 400의 배수인 해는 포함한다), 날짜와 상관없이 7일 주기로 요일이 돌아간다. 이 체계는 너무 복잡해 여기에 익숙하지 않으면 전혀 합리적이라고 생각되지 않는다.

고대 중국은 역법뿐만 아니라 종교적·이념적 이유 때문에라도 천문학에 깊은 관심을 기울였다. 중국의 공식 종교인 유교에 따르면 하늘은 곧 신성한 존재였고, 이것은 그리스나 현대 유럽의 종교와 마찬가지였다. 중국의 황제, 즉 천자는 천상의 일과 인간사를 잇는 중개자이자 세속적·사회적·우주적 질서를 보장하고 실행하는 존재였다. 유교에서 이 기능은 제의를 통해 행해졌다. 이것은 마치 가톨릭교회가 미사를 통해 신과 인간의 연합을 새롭게 강화하고, 일상의 혼란 속에서 길을 잃어버린 인간에게 질서를 다시 부여하는 것과 같다. 고대 중국의 천문학은 제의에 필요한 공식 절기를 수립해 하늘을 공경하고(경천), 하늘과 조화를 이루는(천인상관) 중요한 역할을 담당했다.

이처럼 천상의 일과 인간사를 연결하려는 점에서 중국과 바빌론의 천문학 사이에는 유사한 부분이 있다. 또한 우리는 중국 천문학을 통해 한 가지 사실을 더 알 수 있다. 수 세기에 걸쳐 정치 권력의 전폭적 지지를 받으며 천체 현상을 관찰했다고 해서 그것이 곧바로 현대 과학(코페르니쿠스, 케플러, 갈릴레오, 뉴턴 등)으로 이어지지는 않았다는 것이다. 더욱이 그것은 효과적이고 예측력이 뛰어나며 정밀한 수학 이론(히파르코스와 프톨레마이오스 등)

   과학하는 인간의 태도

을 탄생시키거나, 세상의 구조에 관한 이해를 (아낙시만드로스의 이론에 비해) 조금이라도 뚜렷이 진전시키는 결과를 낳지도 못했다.

고대 메소포타미아 문명, 즉 바빌론의 천문학도 마찬가지다. 그들 역시 1,000년이 넘도록 천체 현상을 관찰했으나 기껏해야 부정확한 데이터를 모았을 뿐이며, 그나마 잘못된 틀을 통해 인간사와 연결하는 수준 이상의 발전을 이룩하지는 못했다.✝

바빌론 천문학자들이 중국과 같은 사상과 동기로 연구에 임했다고 주장하지는 않겠다. 두 우주관에는 분명히 차이가 있다. 하지만 그들이 아낙시만드로스, 프톨레마이오스, 코페르니쿠스, 아인슈타인과 전혀 다른 관점으로 천문학을 다룬 것은 분명해 보인다.

신 없이 설명되지 않는 세계

아낙시만드로스가 태어나기 불과 1세기 전에 활동했던 헤시오도스의 글을 읽어보면, 아낙시만드로스 시대 이

✝   여기서 '잘못된 틀'이라고 표현한 부분에 관해서는 나중에 진리와 가치의 상
     대성이라는 관점에서 자세히 설명할 것이다.

전의 일반적인 그리스 문화를 엿볼 수 있다. 헤시오도스의 시대는 고된 농경 활동과 긍정적이고 건전한 도덕적 가치를 바탕으로 일구어진 매우 인간적인 세계였다. 헤시오도스는 인간의 삶과 노동의 의미(《일과 날》), 우주의 탄생과 역사(《신들의 계보》) 등 향후 수 세기에 걸쳐 인류가 탐구할 굵직한 철학적 주제와 사상을 일찌감치 고찰한 인물이었다.

이런 질문에 관한 헤시오도스의 답변은 확실히 복잡했지만, 그것은 전 세계 모든 문화권, 특히 티그리스강과 유프라테스강 유역에서 찾아볼 수 있는 것과 거의 유사하게 신과 신화에 관한 내용이었다.

그중 한 가지 예를 살펴보자. 세상은 어디서 탄생했고, 무엇으로 만들어졌을까? 헤시오도스는 《신들의 계보》의 서두에서 이 질문에 답변한다.

태초에 카오스(혼돈)가 있었다. 뒤이어 넓은 가슴을 지닌 가이아(대지)가 나타났다. 이 땅은 눈 덮인 올림포스 산 정상에 거처하는 모든 불멸의 신에게 영원히 흔들리지 않는 보금자리가 되어줬다. 그 아래에는 타르타로스(심연)가 자리했고, 마침내 신들 가운데 가장 아름다운 존재, 에로스(사랑)가 태어났다. 에로스는 마음을 부드

　　　　과학하는 인간의 태도

렇게 풀고, 신과 인간 모두의 가슴을 사로잡아 이성적 의지마저 굴복시키는 힘이었다.

가이아는 먼저 천체로 장식된 우라노스(하늘)를 낳았다. 우라노스는 가이아만큼 넓어 그 땅을 온전히 덮을 수 있었고, 가이아는 축복받은 불멸의 신들에게 영원한 안식처를 마련해줄 수 있었다. 또한 가이아는 높이 솟은 산들을 만들어 협곡에 사는 신성한 님프들에게 아름다운 은신처를 선사했다. 이윽고 가이아는 달콤한 사랑도 없이 불현듯 자기 안에 부풀어 올랐던 거칠게 소용돌이치는 불모의 폰토스(바다)를 낳았다.

그러나 그 후 우라노스와 결합한 가이아는 깊이를 알 수 없는 오케아노스(대양), 코이오스, 크리오스, 히페리온, 이아페토스, 테이아, 레아, 테미스, 므네모시네, 황금 왕관을 쓴 포이베, 사랑스러운 테티스 등을 낳았다. 가이아의 마지막 자녀는 교활한 크로노스였다. 그는 마침내 자신의 생명을 낳아준 존재, 번영하던 아버지 우라노스의 적이 되었다.

책에는 이런 화려한 신들의 이름이 계속 이어진다. 세상의 기원과 구조에 관한 헤시오도스의 설명은 다른 문명들에서 볼 수 있는 것과 매우 유사하다. 다음은 새해

제4일이 되면 낭송되던 바빌론의 창조 설화를 담은 서사시인 《에누마 엘리시》의 한 대목이다. 이 문서는 기원전 12세기(헤시오도스 시대로부터 500년 전) 아슈르바니팔 왕의 궁전에서 출토된 쐐기문자판에 새겨져 있었다.

높은 하늘에도 아직 이름이 없고,
그 아래 땅에도 이름이 없던 시절,
하늘과 땅의 아버지인 태초의 신 압수*Apsu*와
그들의 어머니 티아마트 여신의
물은 하나의 몸처럼 뒤섞여 있었다.
어떤 쉼터도 만들어지지 않았고, 습지도 나타나지 않았을 때다.
그때는 신들 가운데 누구도 존재하지 않았으며,
누구의 이름도, 운명도 정해지지 않았다.
그러다가 하늘에 신들이 창조되었다.
라흐무와 라하무가 태어나 비로소 그 이름으로 불렸다.
그들이 다 자라기 전에 안샤르와 키샤르가 태어났고,
둘의 능력은 곧 다른 신들을 앞질렀다.
그 후 오랜 시간이 지나 그들의 후예인 아누가 태어나
아버지의 경쟁자가 되었다.

   과학하는 인간의 태도

이런 창조 설화가 수백 구절이나 이어진다. 바빌론의 창조 설화와 헤시오도스의 문서가 일치하는 부분은 너무나 뚜렷하다. 지금까지 남아 있는 모든 증거로 미뤄 볼 때, 인류는 이런 신화를 통해 세상에 질서를 부여하려 했음을 알 수 있다. 인류는 세상의 모든 사건을 신과 초자연적 존재의 힘에 의해 벌어지는 것으로 해석했다.

신들의 이야기는 고대 문서의 거의 전부를 차지하는 내용이다. 그들은 세상의 구조를 확립하고, 대부분의 거대 설화에 주요 인물로 등장한다. 왕권에 정당성을 부여하고, 심지어 그 권력과 동일시되기도 한다. 여러 개인과 집단 사이에서 재판의 근거로 인용되고, 법의 보증인 역할을 수행한다.

거의 모든 고대 문명이 이런 신성을 중심으로 형성되었다. 신들은 적어도 그 증거가 문서로 남아 있는 모든 문명에서 절대적 역할을 했다.✝

왜 인류는 신에게 그토록 절대적인 역할을 맡기는 사고 체계를 개발하고 확산했을까? 이런 이상한 사고 체계

✝ 함무라비 법전에도 이런 문서가 등장한다. 함무라비는 자신이 반포한 법령이 마르두크 신에게 지시받은 것이라고 주장한다. 마치 유대 율법이 여호와가 모세에게 지시해 마련된 것이라는 전승과도 같다.

가 나타난 시기는 언제이고 그 이유는 무엇이었을까? 이 것은 문명의 본질을 이해하는 가장 기본적인 질문이지만 아직 뚜렷한 해답이 나오지는 않았다. 그러나 다신론적 신의 존재는 고대 사상 체계의 핵심이자 기본 요소였다. 아낙시만드로스가 태어난 시대에 지식의 기초는 어디까지나 신화와 신의 존재에서 찾아야 했다.

자유 속의 번영, 밀레토스

지리, 경제, 상업, 정치 등 모든 면에서 급속한 성장을 구가하던 신흥 그리스 문명의 각 도시에는 예루살렘, 바빌론, 이집트 등과는 매우 다른 분위기가 흘러넘쳤다. 그리스 도시들의 문화에는 이미 다양성이 온갖 형태로 드러나고 있었다. 예컨대 이오니아식 조각 작품은 자연주의를 비롯한 고전적 그리스 예술의 전신이었다.

이런 문화의 참신함은 당시 가장 새로운 기록물이었던 초기 서정시에서 더욱 뚜렷하게 그 성격을 드러냈다.

나에게는 그가 신들과 동등한 존재로 보인다.
당신과 마주앉은 나는 그의 곁에서
당신의 달콤한 목소리와 사랑스러운 웃음소리를

 과학하는 인간의 태도

듣는 그의 모습을 본다.

나의 가슴은 빠르게 뛴다.

당신을 보는 순간

나의 입술에서는 목소리가 사라지고,

혀는 묶인 듯 움직이지 않고,

살결 아래에서는 문득 불길이 타오르고,

나의 눈은 아무것도 볼 수 없고,

귀는 울리고, 땀이 비 오듯 쏟아지고,

온몸은 떨림 속에 꼼짝할 수 없다.

나는 시든 풀보다 창백해지고,

숨은 멎을 듯이 가쁘다.

거의 죽음에 이른 것 같지만,

필요하다면 모든 것을 감히 견뎌야 한다.[13]

아름답기 그지없는 시다.

그러나 그리스 세계의 참신함이 드러나는 것은 문화 뿐만이 아니다. 급진적이고 새로운 정치 구조야말로 그리스의 특징을 보여준다.

천년을 이어온 파라오의 통치 모델에 따라 전 세계가

---

13   사포의 시 중 가장 유명한 〈단편 31〉로, '질투'라는 별칭으로 잘 알려져 있다.

거대 왕국과 제국을 통한 안정을 추구하던 당시, 오직 그리스만이 각자의 독립을 위해 분투하는 도시국가로 남아 있었다. 이렇게 분열된 구조는 아무리 좋게 봐도 약점에 불과했으나, 역설적으로 그 약점이 문화적 역동성의 중심이 되어 그리스 문명에 엄청난 정치적 성공을 가져왔다.✝

아낙시만드로스의 지성은 파라오 왕조의 풍성하고 효율적인 관료제나 고대 세계의 지식을 저장한 고도로 체계화된 바빌론 궁정에서 꽃피지 않았다. 그 무대는 독자적으로 번영하는 이오니아의 해양 도시, 밀레토스였다. 상선商船이 드나드는 것을 수시로 지켜보며 살았던 밀레토스 사람들은 아마도 자신들이 개인으로나 시민으로나 파라오의 신민들보다 훨씬 주체적인 존재라고 생각했을 것이다.

✝　이런 패턴은 중세 후기와 근대 초기 유럽에서도 똑같이 반복된다. 당시에도 세계 곳곳의 다른 문화권은 정치적 통일과 제국의 안정을 갈무리하고 있었다. 그런데 오직 유럽만이 이 과정에 실패했다. 그에 따라 유럽 각국은 군사, 문화, 정치 등의 측면에서 각기 다른 발전 속도를 나타내게 되었다.

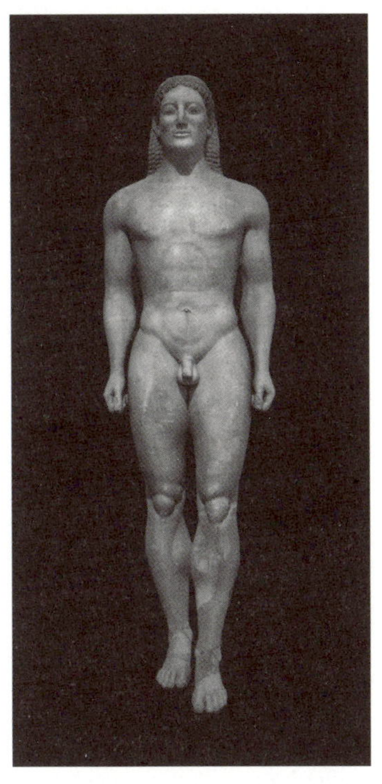

| 그림 03 | 아나비소스 지역에서 출토된 쿠로스(청년상). 실물 크기의 이 대리석 조각상은 아낙시만드로스 시대에 만들어진 것으로 추정된다. 아테네 국립고고학 박물관 소장.

⚜

이오니아는 소아시아 연안의 작은 지역으로, 바다가 내려다보이는 가파르고 들쭉날쭉한 바위투성이 해안에 10여 개의 도시가 들어앉은 곳이었다. 세계 역사에 거의 알려지지 않은 이 작고 길쭉한 땅에서 싹을 틔운 비판적 사고의 원형은 자유로운 탐구 정신으로 발전했고, 나중에는 그리스의 사상과 결국 현대의 사상을 정의하기에 이르렀다. 인류 문명이 이 땅에 진 빚은 아마도 이집트와 바빌론, 아테네 등에 진 빚보다 훨씬 클지도 모른다.

이오니아의 내륙에 자리한 소아시아 지역에는 그보다 몇십 년 전에 최초의 동전을 주조했을 정도로 부유했던 리디아 왕국이 있었다. 리디아의 왕 알리아테스 2세는 아낙시만드로스가 태어난 기원전 610년에 즉위해 아버지 사디아테스 왕이 밀레토스와 벌인 전쟁을 이어받았다. 그러나 머지않아 알리아테스 2세의 관심은 남동쪽에서 세력을 펼쳐오던 바빌론 및 메디아 왕국과의 결전으로 옮겨 갔다. 그는 밀레토스와 화친을 맺고 이 도시를 고스란히 놔둔 채 떠났다. 알리아테스 2세의 무덤은 오늘날 튀르키예에 있는 고대 도시 사르디스의 북쪽, 기게아 호수^{Gigea}와 헤르무스강^{Hermus} 사이의 평야에 지금도 남아 있다. 거대한 석조 구조물을 뒤덮은 커다란 흙더미인 무덤 꼭대기에는 커다란 석조 남근상이 서 있다.

이오니아의 여러 도시에는 그리스인들이 거주했다. 그들은 아마도 트로이전쟁 이후 1, 2세기 동안 그리스 각 지역에서 이곳으로 옮겨와 원주민들과 섞여 살았을 것이다. 이오니아의 각 도시는 정치적 독립을 유지했으나 전체적으로는 비슷한 문화적·종교적 성격을 가진 이오니아 연맹을 이뤘다. 각 도시는 포세이돈 신을 섬기는 성소인 파니오니온*Paniōnion*에 대표단을 파견했다. 2005년, 오늘날 튀르키예의 항구도시 이즈미르 남쪽에 자리한 미칼레산*Mycale* 반도의 기슭에서 이 성소의 유적으로 추정되는 문화재가 발견되었다. 이오니아는 고대 그리스 문명이 남부로 진출하던 전초기지로, 부와 비옥함을 마음껏 뽐내던 곳이었다.

이오니아는 밀레토스 유적 주변에 지금도 남아 있는 숲에서 추출한 올리브유를 비롯한 귀중한 특산품 외에도 흑해 인근 북부 주민들과의 무역을 통해 부를 축적했다. 수 세기 전에 트로이에 부를 안겨줬고, 그리스인들이 막대한 비용을 치르며 통제했던 교통로를 이오니아가 이어받았다. 아울러 소아시아를 가로질러 시리아의 시장까지 오가던 대상*大商* 행렬을 통한 아시아와의 교역도 이오니아에 중요한 일이었다. 남쪽에서 온 페니키아의 상선은 그리스인들에게 알파벳을 전해주기도 했다. 이오니아는 서양과 동양을 잇는 접점이었다.

그리스의 각 도시에는 상당수의 노예와 농업·수공업·상업이 혼합된 경제, 그리고 비상시 곧바로 무장할 수 있는 자유 시민이 있었다. 기원전 6세기 밀레토스는 이오니아의 모든 도시, 어쩌면 그리스 전체를 통틀어서도 가장 번영했던 곳이자(아테네와 스파르타는 그 이후 강성한 도시다) 남쪽의 거대 문명과 가장 인접한 도시였다. 헤로도토스[14]는 밀레토스를 '이오니아의 보석'이라 칭했다.

밀레토스는 그리스인들이 이 땅을 개척하기 훨씬 전부터 존재했다. 히타이트 제국 무르실리 2세의 연대기에 '밀라완다*Millawanda*'라는 이름으로 등장하는 이 도시는 기원전 1320년에 아르자와*Arzawa* 지역에서 발호한 우하지티*Uhha-Ziti* 왕과 동맹을 맺었다고 한다. 이에 무르실리 2세는 휘하의 말라지티*Mala-Ziti*와 굴라*Gulla* 두 장수에게 명해 밀라완다를 무너뜨렸다. 현대에 와서 고고학자들은 이런 침략이 역사적 사실이었다는 증거를 발견했다. 이후 이 도시는 히타이트인들에 의해 그리스의 침략

---

14   기원전 5세기 그리스의 역사가.

    과학하는 인간의 태도

자들로부터 방어할 목적으로 요새화되었으나 여러 세력에 의해 다시 몇 차례 파괴되었다.

헤로도토스에 따르면 아테네의 마지막 왕 코드로스의 막내아들 넬레우스가 기원전 1050년경에 밀레토스를 세웠다고 한다. 넬레우스는 군대를 이끌고 이곳을 침략해 남자들은 학살하고 여성들은 아내로 취했다. 그러나 밀레토스 왕조는 넬레우스 왕가의 두 후손인 암피트리온*Amphitryon*과 레오다마스*Leodamas* 사이에 다툼이 일어나 8세기 말에 사라진다. 암피트리온은 레오다마스를 죽이고 무력으로 권력을 쥐었다. 그러나 추방되었던 레오다마스의 아들이 추종자들을 거느리고 돌아와 암피트리온과 맞서 싸운 끝에 그를 죽였다. 곧이어 평화가 다시 찾아왔으나 이제 군주제 자체가 권위를 잃었다. 밀레토스 시민들은 입법관 겸 임시 집정관 '에피메논*Epimene*'을 선출했다. 이후 밀레토스는 선출직 과두제 위원회인 프리타네이온의 통치 체제로 이행했으나 이는 곧잘 폭정으로 변질되었다.

결국 밀레토스는 아테네에 이어 로마의 역사를 떠올리는 복잡한 정치적 과정을 겪었다. 왕은 귀족에 의해 쫓겨났고, 귀족은 부유한 상인 계급의 위협을 받았고, 상인 계급은 귀족과 농상공 업자 사이에서 중재자 역할을 맡았다. 밀레토스는 자본가 계급 '플루티스*Ploutis*'와 노동자 계급 '케이로마카*Kheiromakha*' 사이의 갈등으로 대표되는 긴 정치 투쟁의 역사를 경험했다.

이런 복잡한 정치체제는 그리스와 동양 여러 왕국의 문화가 구분되는 가장 큰 차이점이자 새롭게 떠오르는 문화 혁명의 핵심이었다. 아낙시만드로스가 태어나기 20년 전인 기원전 630년에 트라시불로스*Thrasyboulos*가 귀족 세력을 물리치고 집정관에 올랐던 것은 아마도 시민의 지지에 힘입은 덕분이었을 가능성이 크다. 이후 트라시불로스는 밀레토스의 역사에 결정적 역할을 수행하며 도시의 전성기를 열었다.

밀레토스는 아낙시만드로스가 태어난 기원전 6세기 경에 번영을 누렸다. 밀레토스는 그리스의 주요 상업항 중 하나이자 인구 약 10만에 달하는 소아시아 최대 규모의 그리스 도시이기도 했다. 밀레토스는 주로 흑해 연안에 수십 개의 식민지를 거느린 작지만 강한 해양 제국이었다. 플리니우스에 따르면 밀레토스가 개척한 식민지는 90개에 달했다고 한다. 오늘날 이탈리아와 프랑스에 해당하는 지역에도 이오니아의 식민지가 있었다.

이오니아는 스키타이족 지역(오늘날 우크라이나)에 있는 식민 도시에서 곡물과 목재, 말리거나 절인 생선, 철,

     과학하는 인간의 태도

납, 은, 금, 양모, 아마포15, 황토, 소금, 향신료, 가죽을 수
입했다. 또 다른 그리스의 식민 도시 나우크라티스(오늘
날 이집트 북부)에서는 소금과 파피루스, 상아를 사들였다.
에티오피아와 중동에서 대상 행렬이 가져온 향수도 나우
크라티스에서 구할 수 있었다. 밀레토스는 테라코타16와
각종 무기, 기름, 가구, 직물, 생선, 무화과, 와인 등을 생
산하고 수출했다. 당시 밀레토스의 직물은 그리스 세계
에서 명성이 자자했다.

밀레토스가 이집트에 상업항 도시 나우크라티스를 설
치한 시기는 아마도 아낙시만드로스가 태어나기 10년 전
인 기원전 620년경이었을 것이다. 나우크라티스는 고대
이집트 문명과 상업적·문화적으로 활발히 교류했다. 이
집트의 영향이 가장 뚜렷한 분야는 건축이었다. 그리스
최초의 기념비적인 신전도 이 시기에 지어졌는데, 기술
과 양식 면에서 이집트 건축의 영향을 고스란히 받았다.

밀레토스는 식민지와의 교역을 통해 부를 창출할 뿐
만 아니라 다양한 민족과 사상, 견해를 받아들였다. 밀레
토스는 지중해 및 중동 전역과 경제적·문화적 유대를 맺

---

15   마의 섬유로 만든 실로 짠 얇은 직물. 리넨이라고도 부른다.

16   기와처럼 만든 건축용 도기.

고 경제권을 확대하는 동시에 세계관 또한 넓혀갔다.

부와 자유가 넘치던 그 시대의 밀레토스는 야심 찬 리디아를 자력으로 막아냈다. 밀레토스는 그리스의 모든 도시 중에서 남쪽의 선진 문화를 가장 많이 접했다. 메소포타미아나 이집트의 대도시들과 달리 밀레토스에는 웅장한 왕궁이나 강력한 성직자 계급이 없었다. 밀레토스는 범세계적 문화의 중심지이자 자유 시민의 도시로 번영을 누리며 독특한 예술, 정치, 문화를 활짝 꽃피웠다. 한마디로 밀레토스는 세계 최초로 인문주의가 꽃핀 중심지였다.

✛✛

오늘날 남아 있는 아름다운 밀레토스 유적은 아낙시만드로스 시대의 것이 아니다. 가장 오래된 유적조차 그가 살던 시대에서 1세기 후에 만들어졌다. 아낙시만드로스가 사망하기 1년 전인 기원전 546년, 아시리아 제국의 몰락으로 세력 공백이 생기자 페르시아 제국이 급격히 팽창했다. 아낙시만드로스는 밀레토스가 그들에게 정복당하는 것을 지켜봐야 했다.

그로부터 수십 년이 지난 기원전 494년, 밀레토스의

반란은 실패했다. 페르시아인들은 도시를 약탈하고 파괴했다. 거의 모든 주민을 노예로 삼아 페르시아만으로 강제 이주시켰다. 이 사건으로 고대 그리스에서 밀레토스의 문화적 우위는 막을 내리게 되었다.

5세기 중반에 이르러 밀레토스는 다시 일어섰고, 위대한 건축가이자 도시계획의 시조로 일컬어지는 히포다모스의 계획에 따라 재건되었다. 로마 시대에 확대된 화려한 극장을 비롯해 오늘날 남아 있는 밀레토스 유적 중에도 이 시대의 건축물로 추정되는 것이 많다.

밀레토스 시장 문은 1907년에 베를린 페르가몬박물관으로 옮겨와 1928년까지 재건되었다. 학계에서는 이것이 2세기 초 로마 시대에 건립되었다고 추정한다. 이 유물은 밀레토스가 로마 제국 치하에서 되찾은 도시의 찬란함을 증언한다.

아낙시만드로스는 밀레토스의 저명인사였을 가능성이 크다. 로마의 저술가 클라우디우스 아엘리아누스에 따르면, 아낙시만드로스가 밀레토스의 식민 도시였던 암피폴리스의 총독을 지냈다고 한다. 그리스 칠현[17] 중

---

17   기원전 7세기에서 6세기 사이에 고대 그리스에 살았던 7명의 뛰어난 사상가
      와 정치가.

|그림 04| 밀레토스 극장(위)과 밀레토스 시장 문(아래, 베를린 페르가몬박물관 전시).

한 사람인 탈레스도 아낙시만드로스가 태어나기 직전에 밀레토스에 살았다. 탈레스는 세계 곳곳을 여행하며 공적인 일에 적극적으로 참여했다. 그들은 분명히 서로 알고 있었을 것이다(둘의 관계에 관해서는 6장에서 더 자세히 다룰 것이다).

고대 문헌에는 아낙시만드로스가 스파르타로 가서 해시계를 만들었다는 이야기도 있다. 키케로[18]의 전승에 따르면 아낙시만드로스가 지진을 예측해 수많은 스파르타인의 생명을 구했다고 한다. 그 이야기를 곧이곧대로 믿을 수는 없지만, 아낙시만드로스가 암피폴리스와 스파르타에 갔을 뿐만 아니라 그 지역에서 저명인사였던 것은 사실인 듯하다. 심지어 그가 나우크라티스를 경유해 이집트에 도착했으리라고 보는 문헌도 있다.

아낙시만드로스가 어떤 인물이었는지 설명하는 문헌은 현존하지 않는다. 단지 디오게네스 라에르티오스[19]의 언급이 드물게 전할 뿐이다. 그는 엠페도클레스[20]가 짐짓 엄숙한 분위기와 과장된 행동을 통해 아낙시만드로

---

18   기원전 2, 1세기 로마의 정치가이자 저술가.

19   3세기 그리스의 철학사가.

20   기원전 5세기 그리스의 철학자. 우주 만물이 흙, 물, 공기, 불로 이뤄져 있다는 4원소설을 주장했다.

│그림 05│ 기원전 6세기 스파르타에서 제작된 이 술잔은 화가 아르케실라오스Arkesilaos의 작품이다. 기둥 형태의 대지와 그 주변을 둘러싼 하늘(아틀라스가 짊어진)이 아낙시만드로스의 사상을 반영한다고 보는 견해가 있다. 아틀라스와 마주한 인물은 프로메테우스다. 바티칸시국 바티칸박물관 소장.

스를 모방했다고 말한다. 아낙시만드로스가 자기 성찰적인 글을 쓰는 데 열중했다는 것을 보면 아마도 그는 여러 권의 책을 읽었으리라고 짐작된다. 하지만 우리는 아낙시만드로스가 읽은 책이나 그의 삶, 성격, 외모, 방문지 등에 관해 아는 것이 거의 없다.

2장

자연으로 가는 문

아낙시만드로스는 《자연에 관하여》라는 산문으로 된 연구서를 썼으나 안타깝게도 오늘날에는 남아 있지 않다. 단지 킬리키아[1]의 철학자 심플리키우스가 아리스토텔레스의 《자연학》에 주석을 달며 그 일부를 인용한 것이 전할 뿐이다. 해당 내용은 (여러 논란의 여지가 있음에도) 대략 다음과 같이 번역할 수 있다.

> 만물은 만물에서 태어나 만물로 돌아가고, 그 과정은 필요에 따라 이뤄진다.
> 모든 정의와 불공정은 그에 상응한 보상을 받으며 시간의 질서에 순응하기 마련이다.

이 모호한 구절은 후대에 수많은 작가의 상상력을 자

---

1   키프로스 북쪽, 소아시아 남동 해안을 일컫는 고대 지명.

극했다. 원문의 문맥을 모르는 채로 이를 정확히 해석하기란 어려운 일이다. 아낙시만드로스의 사상이 어떤 것이었는지 파악하려면 이런 단편적 직접 증거 외에 다양한 자료를 검토해야 한다.

다행히도 아낙시만드로스의 책을 다룬 그리스 문헌은 많다. 다만 그중 상당수가 오랜 세월이 지난 후에 여러 인용 자료를 거쳐 기록된 탓에 신빙성이 떨어지기는 한다. 가장 주목할 만한 자료는 아리스토텔레스가 남긴 문헌이다. 아낙시만드로스 사후 불과 2세기 후에 활동한 그는 아낙시만드로스의 사상을 가장 많이 인용한 인물이다. 아리스토텔레스가 보유했던 방대한 장서 중에는 아낙시만드로스의 문헌도 분명히 있었을 것이다.

따라서 아리스토텔레스의 제자이자 그가 이끌던 소요학파의 일원이었던 테오프라스토스는 자신이 쓴 철학사에서 아낙시만드로스의 사상을 자세히 논할 수 있었다. 테오프라스토스의 저서도 오늘날에는 남아 있지 않지만, 그 내용의 상당 부분이 후대의 여러 문헌을 통해 지금까지 전한다. 가장 대표적인 문헌이 아낙시만드로스 시대로부터 무려 1,000년이 지난 기원후 6세기 알렉산드리아와 아테네에 살았던 심플리키우스의 저서다.

후대에 형성된 방대하고 잡다한 문헌을 뒤져가며 아

낙시만드로스의 사상을 재구성하려는 오늘날의 시도는 까다로운 수수께끼를 푸는 것과도 같다. 물론 고대 로마의 도서관 유적에서 발견된 거의 숯덩이 같은 두루마리도 오늘날에는 최신 기술을 동원해 해독할 수 있다. 이집트 미라를 감싼 붕대를 엑스레이로 판독한 결과, 그것이 파피루스 필사본 조각으로 만들어진 사실이 밝혀지기도 했다.

앞으로는 테오프라스토스의 문헌이나 심지어 아낙시만드로스의 문헌까지 자세히 규명될 날이 올지도 모른다.✝ 그러나 그런 날이 오기 전까지 아낙시만드로스 문헌의 내용을 파악하는 방법은 간접적인 출처를 재구성하는 것뿐이다.

이 책에서 고대 문헌을 재구성하는 복잡한 내용을 설명하지는 않을 것이다. 다만 이미 재구성된 내용 중 실제로 아낙시만드로스가 쓴 것이라고 믿을 만한 부분을 요약할 것이다. 나는 칸과 콩슈, 쿠프리, 그레이엄 등의 해석을 따르며, 완전히 엄밀한 태도(아낙시만드로스의 사상으

✝　이것은 실현될 가능성이 매우 크다. 최근 이탈리아 시칠리아의 고대 도시 타오르미나Taormina에서 발굴된 고대 로마 도서관 소장 문헌 목록에도 아낙시만드로스의 이름이 포함되어 있다.

로 틀림없어 보이는 것만 인정)와 완전히 관대한 태도(고대 사회에서 그의 사상으로 인식되었던 것은 모두 포함) 사이에서 균형을 유지하려 한다. 이런 전제하에 아낙시만드로스가 쓴 《자연에 관하여》의 내용을 요약하면 다음과 같다.

1. 자연의 어떤 현상이 다른 현상으로 변화하는 것은 필요에 따라 조절되며, 이것이 바로 시간의 흐름에 따라 다양한 현상이 나타나는 이유다.

2. 자연의 다양한 사물과 현상은 아페이론^{apeiron}('불확정' 또는 '무한'으로 번역된다)이라는 단 하나의 기원이나 원리에서 비롯된다.

3. 세상은 아페이론이 뜨거운 것과 차가운 것으로 분리되며 창조되었다. 그리고 이 분리에 따라 우주에 질서가 부여되었다. 하늘에는 거대한 불꽃이 둥근 공 모양으로 자라났고, 지구는 나무껍질 같은 모양이 되었다. 이후 하늘의 공은 다시 분해되어 여러 개의 바퀴 속에 갇혔다. 여기에서 태양과 달, 별이 태어났다. 지구는 원래 물에 덮여 있었는데, 그 물은 세월이 갈수록 점차 걷혀갔다.

4. 지구는 우주에 떠 있는 유한한 크기의 천체다. 지구가 떨어지지 않는 이유는 어느 쪽으로 떨어져야 하

 과학하는 인간의 태도

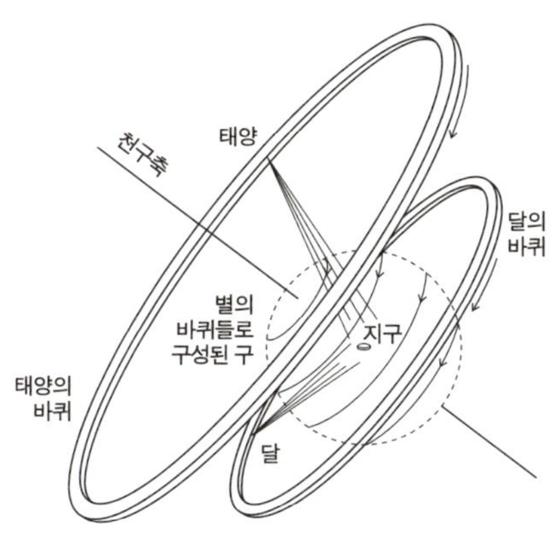

| **그림 06** | 쿠프리가 재구성한 아낙시만드로스의 우주론.

는지 정해지지 않았기 때문이다. 지구는 다른 어떤 천체의 간섭도 받지 않는다.

5. 태양과 달, 별은 지구의 주변을 돌면서 완벽한 원을 그린다. 이들의 거동은 마치 거대한 바퀴가 도는 것과 같다. 그 바퀴들은 자전거 바퀴처럼 채울 수 있는 공간을 가지고, 그 속에는 불이 들어차 있다. 그리고 바퀴의 안쪽 둘레를 따라 구멍이 뚫려 있다. 우리가 하늘에서 보는 태양과 달, 별은 바로 이 구멍을 통해 새어 나오는 불빛이다. 천체가 아래로 떨어지지 않는 이유는 아마도 이 바퀴 때문일 것이다. 우리와 가장 가까운 바퀴에는 별, 그다음은 달, 그리고

가장 먼 바퀴에 태양이 자리한다. 각 거리의 비율은
9:18:27이다.✝

6. 기상 현상이 발생하는 원인은 자연에 있다. 빗물은
   태양열로 인해 바다와 강의 물이 증발해 만들어진
   것으로, 바람에 실려 이리저리 옮겨진 다음 다시 땅
   으로 떨어진다. 천둥과 번개는 구름이 서로 충돌하
   고 쪼개지며 일어나는 현상이다. 또 다른 예로 지진
   은 지나친 열이나 비로 인해 땅이 갈라져 발생한다.

7. 동물의 기원은 바다나 먼 옛날 지구를 덮었던 원시
   습지대다. 따라서 최초의 동물은 물고기 또는 그와
   유사한 생물이었을 것이다. 물이 마르면서 대지가
   드러난 후 그들은 육상으로 올라와 새로운 환경에
   적응했다. 특히 인간은 처음부터 지금 같은 모습이
   었을 리가 없다. 갓 태어난 아이는 누군가 먹여 살리
   지 않으면 생존할 수 없기 때문이다. 인간은 물고기
   와 유사한 생물에서 진화한 결과다.

✝　쿠프리는 27이라는 수치가 그저 '더욱 먼' 또는 '엄청나게 먼' 같은 모호한 의
미라는 가설을 제시했다. 혹자는 이런 구체적 수치가 등장한 이유에 관해 우
주를 기계론적으로 설명하기 위한 임의의 장치라고 설명했다. 우리도 다음과
같은 표현을 흔히 쓴다. "달은 거대한 바퀴 위를 돌고, 태양은 그것보다 갑절
이나 큰 바퀴 위에 올라앉아 있다." 갑절이란 그저 훨씬 크다는 점을 강조하
는 표현이라는 것이다.

 과학하는 인간의 태도

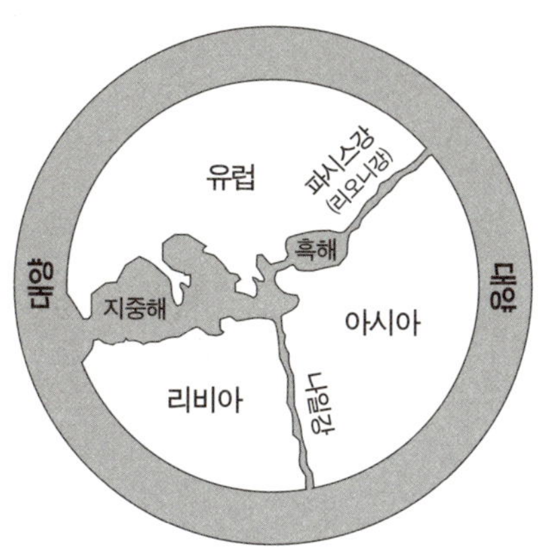

| **그림 07** | 아낙시만드로스가 이론적으로 그린 세계를
오늘날 시각으로 해석해 재현한 지도.

그리고 다음과 같은 사실들을 더할 수 있다.

8. 아낙시만드로스는 최초로 세계지도(전 지구가 아닌 당대 사람들에게 알려진 범주 내에서)를 작성했다. 아낙시만드로스의 지도는 후대에 또 다른 밀레토스 시민인 역사가 헤카타이오스에 의해 그 범위가 확대되었고, 모든 고대 지도의 기초가 되었다(따라서 그의 지도는 현대 지도의 기원이기도 하다).

9. 아낙시만드로스는 자연현상에 관한 최초의 산문 도서를 남겼다. 그전까지 세계의 기원과 구조를 주제

로 집필된 책(헤시오도스의 《신들의 계보》 등)은 모두 운문이었다.

10. 아낙시만드로스는 바빌론에서 비롯된 그노몬을 그리스에서 최초로 사용했다고 알려져 있다. 그노몬이란 땅에 수직으로 세운 막대의 그림자 길이를 측정해 태양의 고도를 가늠하는 장치로, 일종의 해시계다. 덕분에 고대 그리스에서는 태양의 거동을 연구해 복잡한 천문학이 일찍이 발달할 수 있었다.

일부 문헌에 따르면 아낙시만드로스는 황도 경사각[2]을 최초로 측정했다고 하며, 실제로 그럴 가능성이 크다. 황도 경사각을 측정하는 대표적 방법이 그노몬을 사용하는 것인데, 아낙시만드로스가 그노몬의 체계적 사용법을 소개했기 때문이다.[+]

그렇다면 이런 사상을 낳은 더 큰 범위의 지적 틀은 무엇이었는가 하는 질문이 생기지만, 그 해답을 구하기

2　태양은 실제로 공전하지 않지만 지구에서 보면 별자리 배경을 따라 1년 동안 일정한 경로를 이동하는 것처럼 보이는데, 이 궤도를 '황도'라고 부른다. 황도 경사각이란 그런 태양의 궤도와 지구 적도면이 이루는 기울기를 말한다.

+　하지만 아낙시만드로스가 황도 경사각을 측정한 최초의 인물이라고 단정하기에는 아직 논란의 여지가 있다.

는 쉽지 않다. 나다프는 아낙시만드로스의 목표가 자연과 사회를 막론하고 태초에서 현재에 이르는 만물의 역사를 합리적 서사와 자연주의적 관점을 통해 재구성하고 설명하는 것이었다고 주장한다. 그에 따르면 여러 문화권에 존재하는 우주 기원 설화의 목표도 바로 이런 것이었다고 한다. 아낙시만드로스는 당대 창세 신화의 범위를 벗어나지는 않았으나, 자연주의 관점을 도입해 그 방법론을 혁신한 셈이다.

아낙시만드로스의 동기가 무엇이었든, 그의 사상과 연구 결과가 현대적 의미의 과학이었다고 보기는 어려울 것이다. 그의 사상에는 현대 과학의 필수 요소가 빠져 있다. 예컨대 그의 사상에는 자연현상을 관찰하며 그 수학적 원리를 규명한다는 개념이 없다. 이 개념은 아낙시만드로스 시대로부터 약 1세기가 지난 피타고라스학파에 이르러 비로소 등장한다.[3] 그리고 수 세기에 걸쳐 발전하다가 알렉산드리아[4]에서 본격적 과학의 형태를 갖

3　피타고라스학파는 자연현상의 조화를 수학적 비율로 설명하려 했다. 이를 보여주는 대표적 사례가 음악 실험이다. 그들은 현악기의 줄 길이를 바꾸면 음정도 일정한 비율로 변한다는 사실을 발견했다.

4　알렉산드리아는 헬레니즘 시대에 왕립 도서관과 연구소를 중심으로 수학, 천문학, 의학 등이 집약적으로 발전하는 고대 과학의 중심지였다.

춘다. 그중에서도 수리물리학의 기념비적 작품이라 할 수 있는 프톨레마이오스와 히파르코스의 천문학이 특히 주목할 만하다.

게다가 아낙시만드로스는 예리한 관찰자였지만, 구체적 관찰과 측정을 위해 물리적 조건을 인위적으로 만든다는 의미의 실험을 수행한 바는 전혀 없었다. 본격적인 실험 개념은 그로부터 무려 2,000년이 지난 갈릴레오 시대에 와서야 비로소 등장했고, 그의 연구에 힘입어 현대 과학의 토대가 형성되었다.

아낙시만드로스의 이론과 현대 과학의 차이점은 이외에도 무수히 많다. 그의 관점이 여러모로 시대에 뒤떨어진 것은 분명하다. 그러나 현대적 관점에서 그것이 케케묵은 것으로 보인다고 해도, 그 당시에 아낙시만드로스의 사상은 대단히 새로울 뿐만 아니라 과학적 사고의 발전에 엄청난 영향을 미칠 정도로 중요한 것이었다.

　　　　과학하는 인간의 태도

3장

제우스의 천둥을 훔치다

아낙시만드로스의 우주론과 그중에서도 아페이론이라는 미묘한 주제를 다루기 전에, 그의 사상에서 사람들이 흔히 간과하는 다른 측면을 먼저 살펴보려 한다. 그것은 바로 아낙시만드로스가 자연과학자의 태도로 바라본 대기 현상이다. 다음은 히폴리투스[1]가 한 말이다.

아낙시만드로스에 따르면 비는 태양의 힘으로 땅에서 하늘로 올라간 증기에서 비롯된 것이다.

아에티우스[2]와 세네카[3]는 다음과 같은 기록을 남겼다.

---

1   3세기 로마의 신학자.

2   5세기 서로마 제국의 정치가이자 군인.

3   1세기 로마 제국의 정치가이자 사상가.

아낙시만드로스에 따르면 천둥, 번개, 벼락, 폭풍, 태풍은 모두 바람 때문에 발생하는 현상이다.

그렇다면 바람이란 무엇일까? 아에티우스는 이렇게 설명한다.

아낙시만드로스에 따르면 바람은 공기 중에 가볍고 축축한 부분이 태양의 힘으로 흔들리고 뒤섞이며 일정한 흐름을 형성하는 것이다.

암미아누스 마르켈리누스[4]는 지진에 관한 아낙시만드로스의 설명을 다음과 같이 소개한다.

아낙시만드로스에 따르면 땅이 뜨거운 열을 받아 지나치게 마르거나, 막대한 비가 내린 후에 커다란 균열이 생기면 크게 흔들린다고 한다. 그러면 대기 중에 형성된 강한 바람이 땅의 균열에 스며들어 회오리치고, 마침내 땅을 뒤흔든다. 이런 무시무시한 현상이 뜨거운 여름철이나 거센 비바람이 몰아친 후에 자주 일어나는

---

4   4세기 로마의 군인이자 역사가.

          과학하는 인간의 태도

것은 그 때문이다.

이것 외에도 아낙시만드로스가 쓴 책의 내용을 소개한 자료는 많다. 자연현상에 관한 아낙시만드로스의 이런 생각을 그리스 문화의 전체적 맥락에 비춰 보면 그것이 그리스 세계가 대기 현상에 기울인 깊은 관심을 재확인하는 것임을 알 수 있다. 예컨대 그런 생각은 그리스의 종교적 서사에 이미 표현되어 있었다. 물론 대기 현상에 관한 현대의 과학 지식에 비하면 아낙시만드로스의 설명은 원시적 수준이다. 몇 가지는 맞고(지표면의 물이 증발해 빗물이 된다), 몇 가지는 틀리다(지진의 원인은 폭우나 폭서가 아니다).

대기 현상에 관한 이런 두 가지 관점은 모두 근시안적으로 중요한 사실을 하나 놓치고 있다. 지금까지 존재하는 아낙시만드로스 이전의 모든 문헌은 비, 천둥, 지진, 바람 등 자연현상의 원인을 언제나 신화와 종교에서 찾았다. 이것은 그리스 문화뿐만 아니라 모든 문화가 마찬가지다. 자연현상은 언제나 신적 존재에서 비롯된 알 수 없는 힘의 발현이었다. 비는 제우스 신이 내리고, 바람은 아이올로스 신이 불고, 파도는 포세이돈 신이 일으키는 것이었다. 기원전 6세기 이전의 문헌에서는 이런 현상의 원인을 신의 의지와 무관한 자연에서 찾으려는 흔적을 찾아볼 수 없다.

역사상 어느 시점에 인류는 신들의 변덕에 의존하지 않고도 대기 현상이 일어나는 원인과 그들 사이의 관계를 이해할 수 있다는 생각을 떠올렸다. 이런 엄청난 변화는 기원전 6세기 그리스의 사상에서 일어났고, 모든 고대 문헌은 이런 생각이 아낙시만드로스에서 비롯되었다고 이구동성으로 증언한다.

이런 엄청난 변화가 그동안 제대로 주목받지 못한 데는 두 가지 이유를 생각해볼 수 있다. 첫째, 고대의 저술가들은 아낙시만드로스의 자연주의적 관점이 매우 새로운 사상임을 분명히 인지했다. 그리고 그 점을 꽤 정확하고 빈번하게 언급했다. 그러나 아낙시만드로스와 그 추종자들이 내놓은 자연현상에 관한 자연주의적 설명은 당시 너무 낯설어 제대로 자리 잡지 못했다.

그리스 과학은 태양과 달, 항성, 행성 등의 거동을 비롯한 천문 현상을 수학적으로 설명했다. 정적 상태의 물리학과 광학 분야를 개척했고, 과학다운 의학의 기초를 닦으며 뛰어난 성과를 거두었다. 하지만 기상과 같은 복잡한 물리현상을 제대로 설명하기에는 한계가 있었을 것이다. 고대의 저술가들에게 아낙시만드로스의 자연주의적 관점은 자연현상을 설명하는 확고한 이론이라기보다 여러 가설 중 하나에 불과했다.

그것은 그들이 인용한 문장 몇 개만 살펴봐도 금세 드러난다. 예컨대 땅에서 증발한 물이 빗물로 변했다는 내용만 해도 '아낙시만드로스가 그것을 밝혀냈다'라고 쓴 사람은 아무도 없다. 그저 '아낙시만드로스는 다음과 같이 주장한다'라거나 '아낙시만드로스에 따르면'이라고 표현한 것이 고작이다. 고대의 저술가들은 기상 현상을 자연주의 관점으로 설명하는 아낙시만드로스의 이론이 과연 옳은지 확신하지 못했다.

둘째, 오늘날 우리는 대기 현상의 원인이 자연에 있다는 것을 너무나 자명한 사실로 여긴다. 그래서 이런 가설을 수립하기까지 엄청난 논리적 비약이 있었다는 점을 흔히 간과한다. 그리스 종교에서 하늘은 신성에 속한 곳이었고, 기상 현상은 그런 신성이 표현되는 가장 대표적인 현상이었다. 예측할 수 없는 기상 현상은 신의 자유의지를 보여주는 것이었다. 그런데 이런 자연현상을 신과 아무 상관 없이 자연주의적 관점으로만 해석하려는 태도는 만물을 종교적으로 해석해온 기존의 관행과 단절하겠다는 것이나 마찬가지였다.

아낙시만드로스 시대로부터 2세기 후에 아리스토파

네스[5]가 쓴 희극 《구름》을 보면 천둥과 번개에 관한 아낙시만드로스의 자연주의적 설명을 여전히 제우스 신에 관한 모독으로 여긴 당대 분위기를 엿볼 수 있다.

스트렙시아데스 저는 항상 비가 제우스 신이 내리는 것인 줄 알았습니다. 그러면 제가 그토록 두려워하는 천둥은 과연 누가 울리는 것일까요?

소크라테스 구름이 이리저리 굴러다니며 발생하는 현상이라네.

스트렙시아데스 하지만 도대체 어떻게 그런 일이 일어나는 것입니까? 참으로 놀라운 말씀이네요.

소크라테스 구름이 떠 있는 곳의 물을 모두 빨아들여 습기가 가득한 채로 움직이기 시작하면 비가 될 수밖에 없다네. 그런 구름이 서로 세차게 부딪쳐 굉음을 울리며 폭발하는 현상이 천둥이지.

스트렙시아데스 하지만 구름을 움직이는 것도 제우스 신이 아닙니까?

소크라테스 그렇지 않다네. 하늘의 회오리바람이지.

스트렙시아데스 회오리바람이라고요? 그런 말은 처음

___
5   기원전 5세기 그리스의 희극 시인.

    과학하는 인간의 태도

듣는군요! 그렇다면 제우스 신은 존재하지 않고 회오리바람이 이 모든 현상의 원인이라는 말씀입니까?

희극은 소크라테스와 그 동료들이 청년들을 타락시키고 신을 모독한 혐의로 얻어맞는 장면으로 끝난다.

스트렙시아데스 어떻게 감히 신을 모독하고 달까지 넘볼 수 있단 말인가? 당신들은 주먹과 돌을 얻어맞아 마땅하다! 여러분, 어서 두들겨 패줍시다! 무엇보다 저들은 감히 신을 모독한 자들이라오!

아리스토파네스의 희극은 재미있다. 이 연극의 초연 장소에 실제로 소크라테스가 참석했고, 공연이 끝난 후 그가 일어나 관객을 향해 다정하게 손을 흔들었다는 일화도 있다. 플라톤의 《향연》에도 소크라테스와 아리스토파네스가 화기애애하게 식사하는 모습이 나온다.

그러나 그로부터 25년 후, 소크라테스는 청년들을 타락시키고 신을 모독했다는 혐의로 아테네의 법정에 소환되어 사형을 선고받았다. 아리스토파네스의 희극에서와 같은 혐의를 받았다. 소크라테스는 아낙시만드로스의 가설, 즉 굳이 신을 들먹이지 않고도 대기 현상의 원인을 설명할 수 있다고 생각했기에 유죄를 선고받았다.

고대 그리스인에게 비가 내리는 현상을 제우스 신과 상관없이 바람과 태양열의 작용으로 설명하는 것은 오늘날 독실한 기독교인에게 인간의 영혼이란 원자들의 상호작용 결과에 불과하다고 말하는 것만큼 당혹스러울 것이다. 아낙시만드로스는 그런 고대 그리스에서 (우리가 아는 한) 최초로 자연주의 세계관을 제시했다.

아낙시만드로스의 자연주의 세계관은 기상 현상에만 국한되지 않았다. 이를 충분히 이해하려면 1장에서 소개한 세상의 기원에 관한 헤시오도스의 설명("태초에 혼돈이 있었다. 뒤이어 넓은 가슴을 지닌 대지가 나타났다")과 2장에서 요약한 아낙시만드로스의 사상 중 세 번째 항목("세상은 아페이론이 뜨거운 것과 차가운 것으로 분리되며 창조되었다. 하늘에는 거대한 불꽃이 둥근 공 모양으로 자라났고, 지구는 나무껍질 같은 모양이 되었다")을 비교해볼 필요가 있다.

그레이엄이 두 창세 이론을 자세히 비교한 바 있으므로 여기서는 그의 결론을 요약하는 것으로 만족하겠다. 두 가지 이론 모두 세상의 기원과 역사를 설명한다는 점에서 목적은 비슷하다. 이런 유사성에서 우리는 이 문제가 이전 세대부터 이어져왔다는 사실과 아낙시만드로스 사상의 문화적 뿌리를 알 수 있다.

그런데 두 이론이 해답을 찾는 방향은 서로 완전히 다르다. 1장에서 강조했듯이 헤시오도스는 세상의 역사를 신들의 개인사로 풀어낸다는 점에서 고대 사회의 보편적 정신세계에서 한 치도 어긋나지 않았다. 반면에 아낙시만드로스는 어느 날 갑자기 이런 전통에 정면으로 맞섰다. 그가 설명한 세상의 역사에는 초자연적 존재가 개입할 여지가 전혀 없었다. 그는 세상 만물을 불, 추위, 더위, 공기, 흙 등 주변에서 흔히 볼 수 있는 사물이나 현상으로 설명했다. 또한 설명의 대상도 태양, 별, 지구처럼 세상에 존재하는 것들이었다.

한편 아낙시만드로스의 우주론은 오늘날 빅뱅 이론과도 비슷해 보인다. 그러나 이런 모호한 유사성을 근거로 아낙시만드로스가 신비로운 선견지명을 지녔다고 착각하면 안 된다. 전혀 그렇지 않다. 그런 유사성은 우연도 신비도 아니다. 아낙시만드로스는 우주를 설명하는 방법을 정확히 제시했다. 세상사를 세상 만물 그 자체로 설명한 것이다. 이 방법은 오늘날까지 꾸준히 발전하며 그 효과를 거듭 입증했다. 아낙시만드로스의 서사가 그렇듯이 빅뱅 이론의 서사도 세상의 역사를 신과 무관하게 오직 자연의 관점으로만 이해하려는 시도다.

아낙시만드로스의 자연주의적 관점이 기가 막히게 들어맞은 분야는 생명과 인간의 기원에 관한 통찰이다. 그는 생명의 기원이 바다에 있다고 생각했고, 생물종의 진화가 기후 조건의 변화와 관련이 있다고 분명히 언급했다. 최초의 생명체는 바다에서 태어났고, 지구의 대기가 건조해짐에 따라 육상으로 올라와 적응했다고 말했다. 심지어는 어떤 생물이 진화해 최초의 인간이 되었는지 궁금해하기도 했다. 이런 문제는 다윈의 본격적 연구 이후에야 오늘날 우리가 아는 상식으로 발전했다. 기원전 6세기에 아낙시만드로스가 이런 생각을 했다는 사실은 그저 놀랍기만 하다.

아낙시만드로스의 설명이 사실과 다르다고 해도, 대기 현상의 원인을 자연에서 찾으려 한 그의 생각 자체가 이 세상에 과학이라는 분야를 탄생시켰다는 중요한 의의를 지닌다. 더구나 아낙시만드로스의 설명이 모두 틀린 것도 아니다. 오히려 그중에는 놀랍도록 정확한 내용이 더 많다. 비는 실제로 지상의 물이 태양열에 힘입어 증발한 결과 발생하는 현상이다. 지진을 일으키는 가장 중요한 요인이 지각의 균열이라는 것도 사실이다. 생명체는 바다에서 처음 탄생해 이후 육상에서 살아남도록 진화했다. 아낙시만드로스는 도대체 어떻게 그 시대에 이 모든 사실을 알았을까?

어쩌면 그 비결은 단순히 기존의 설명에 의문을 품은 것일지도 모른다. 아낙시만드로스보다 1세기 후에 밀레토스에서 활동한 헤카타이오스는 아낙시만드로스가 남긴 지도를 바탕으로 연구를 거듭해 그리스 최초의 역사가가 되었다. 헤카타이오스가 쓴 《계보*Genealogiai*》의 서두에는 다음과 같은 유명한 구절이 나온다.

밀레토스의 헤카타이오스가 말한다. 나는 오직 진실이라고 판단되는 내용만 이 책에 담았다. 그리스인들이 전하는 이야기 중에는 자체 모순되거나 우스꽝스러운 내용이 많아 미리 밝혀두는 바다.

자연주의적 설명을 추구한다는 개념이 자리 잡고, 이런 건전한 의미의 회의론이 널리 인정되면, 머지않아 세상을 직접 관찰함으로써 얻는 합리적 설명이 뒤따른다.

초등학교에서 물의 순환 과정을 배우며 경탄한 기억을 떠올려보자. 떨어진 빗방울은 강으로 흘러가 바다에 닿는다. 그리고 태양열에 의해 증발해 바람에 실려 가고 다시 빗방울이 되어 땅에 떨어진다. 이 과정은 우리가 사는 세상이 아름답고 복잡한 존재임은 물론, 무엇보다 그것이 우리가 이해할 수 있는 대상임을 말해주는 훌륭한 사례다. 교과서에는 나오지 않지만, 물의 순환 과정을 가장 먼저 간파한 사람도 아낙시만드로스다.

4장

허공에 떠 있는 지구

중세 유럽에서 지구가 평평하다고 여겨진 것으로 아는 사람이 많다. 그런 생각의 영향인지, 이탈리아의 탐험가 콜럼버스가 서쪽으로 항해하면 중국에 도착할 수 있다고 말했을 때, 스페인의 궁정 학자들이 그러다가는 지구 끝의 낭떠러지에서 떨어질 것이라고 반대했다는 속설이 있을 정도다.

그러나 이것은 말 그대로 속설일 뿐 아무런 근거가 없다. 더욱 이상한 점은 이런 낭설이 단테의 《신곡》을 낳은 이탈리아에 널리 퍼져 있다는 사실이다. 콜럼버스보다 2세기 앞서 그야말로 중세 지식을 집대성한 이 책에는 지구가 둥글다고 분명히 언급되어 있다. 중세 유럽에서 지구가 평평하다고 생각한 사람은 아무도 없었다. 로마의 성인聖人 아우구스티누스도 예수 그리스도와의 관련 때문에 지구 반대편에 사람이 살 가능성을 부인했으나, 지구가 둥글다는 사실은 단 한 번도 의심한 적이 없었다.

이탈리아의 신학자 토마스 아퀴나스가 쓴《신학대전》은 처음부터 지구가 둥글다고 말하며 시작한다. 중세 문헌에서 지구가 평평하다는 주장은 찾아보기 쉽지 않다.[+]

학자들이 콜럼버스의 계획을 반대한 것은 그 주장에 아무런 근거가 없었기 때문이다. 1400년에는 이미 오차가 몇 퍼센트에 불과할 정도로 지구의 크기가 정확히 알려져 있었다. 이는 기원전 3세기에 알렉산드리아의 도서관장이던 에라토스테네스가 당시의 뛰어난 측정 기술을 이용해 알아낸 것이었다. 그 규모를 생각했을 때, 학자들은 당대의 항해 기술로 기항지 없이 지구를 일주할 수 없다고 판단한 것이다.

콜럼버스는 사실 지구는 생각만큼 크지 않으므로 서쪽으로 항해하면 기존에 알려진 항구에 들르지 않고도 중국에 도착할 수 있다고 학자들을 설득했다. 그러나 우리가 알다시피 콜럼버스의 생각은 틀렸다. 콜럼버스는 죽을 때까지 자신이 도착한 곳이 아시아인 줄 알았다. 정말 세상일이 어떻게 될지는 아무도 모른다. 콜럼버스의

[+]   4세기의 락탄티우스와 6세기의 코스마스는 아주 드문 예외적 사례다. 모두 기독교인인 이들은 이교도 사상을 배격하려는 열망에 따라 고대의 지구 평면설을 복원하려 애썼으나 결국 실패했다. 코스마스는 대지의 모양이 언약궤와 같다고 주장했다.

 과학하는 인간의 태도

착각은 역사의 흐름을 바꿔놓았고, 이후 수십 년 동안 유럽인들은 세계 인구의 약 20퍼센트를 무참히 살해했다.

아리스토텔레스 시대의 그리스에서 지구가 둥글다는 것은 이미 상식이나 마찬가지였다. 이 주제에 관해 아리스토텔레스가 쓴 글은 논거가 너무나 정확했다. 그래서 그것을 읽어본 사람이라면 누구나 그의 주장을 납득할 수 있었다. 그래도 의문이 남으면 프톨레마이오스가 쓴 《알마게스트》의 1장을 통해 말끔히 해소할 수 있었다.

아리스토텔레스 이전 시대에도 지구가 둥글다는 개념이 있었지만 확실한 상식이었다고는 말할 수 없다. 플라톤의 《파이돈》에서 소크라테스는 지구가 둥글다는 주장을 확인하면서도 "내가 그 사실을 증명할 수는 없다"라고 덧붙인다. 《파이돈》의 이 구절이야말로 지구가 둥글다는 개념이 오래전부터 존재해왔다는 가장 직접적인 증거다.

기원전 5세기의 그리스인들이 정교한 과학적 문제를 이토록 명확하게 인식했다는 점이 매우 인상적이다. 플라톤과 아리스토텔레스는 확고한 신념과 그것을 뒷받침하는 과학적 근거를 제시하는 일의 차이를 분명히 인식했다. 오늘날에도 유럽과 미국에서 평균적 교육을 받은 사람이라면 누구나 지구가 둥글다는 것을 알지만, 그런 믿음에 대한 과학적 근거를 똑똑히 제시할 수 있는 사람은 생각보다 많지 않을 것이다. 그렇다면 적어도 이 문제에 있어서는 현대인의 수준이 플라톤이나 아리스토텔레스 시대의 사람들과 크게 다르지 않다고도 볼 수 있다.

그런 점에서 생각해봐야 할 흥미로운 주제가 또 하나 있다. 《파이돈》은 철학 역사상 가장 많은 사람이 읽고 학습과 연구의 대상으로 삼은 책이라고 할 수 있다. 그러나 지금껏 이 책을 언급한 사람 대부분이 영혼의 불멸성에만 초점을 맞춘 나머지, 이 책에 과학사의 보물이 담겨 있다는 점을 눈치채지 못했다. 이 책은 지구가 둥글다는 새로운 세계관을 역사상 처음으로 소개한 문헌이다. 그 점이 간과되었다는 사실은 오늘날 과학과 인문학이 서로의 진면목을 제대로 알아보지 못하고 있음을 보여주는 증거다.

플라톤도 이미 널리 알려진 상식이라는 듯이 지구가 둥글다고 말한다. 그렇다면 이런 생각을 처음 떠올린 사람은 누구였을까? 기원전 5세기에 활동했던 그리스 철학자 파르메니데스라는 말도 있으나 피타고라스가 최초로 주장해 그 학파를 통해 이어졌다는 것이 정설이다. 아낙시만드로스는 지구가 온전한 구가 아니라 원통이나 원반처럼 생겼다고 말한다.

     과학하는 인간의 태도

(아낙시만드로스가 말하기를) 지구는 그 어떤 물체도 딛지 않은 채 허공에 떠 있으나 다른 모든 사물과의 거리가 같으므로 안정을 유지한다. 그 모양은 석주 같은 원통형이다. 지구에는 두 면이 있는데 한쪽은 우리가 딛고 있는 땅이며, 다른 한쪽은 그 반대편에 있다.

아낙시만드로스가 지구를 원통형이나 원반형으로 생각했다는 점이 다소 의아할 수도 있다. 내가 생각하기에 그 이유는 다음과 같다. 탈레스는 만물의 근원이 물이고, 그것이 광대한 바다이며, 대지는 그 바다 위에 떠 있다고 봤다. 따라서 탈레스가 보기에 대지는 원반형이 될 수밖에 없었다. 그런데 아낙시만드로스는 직감적으로 바다가 대지를 둘러싸며 떠받치고 있다는 탈레스의 가정이 불필요하다고 생각했다. 그 결과 광대한 바다를 걷어낸 아낙시만드로스의 지구는 허공에 떠 있는 원통형 대지가 되었다.

그러므로 아낙시만드로스의 업적 중 지금까지 간과된 매우 중요한 사실은 다음과 같다. 과학의 발전 과정에서 핵심 단계는 지구가 원통형인지 구형인지가 아니라 그것이 허공에 떠 있는 유한한 천체라는 개념이 등장한 시점이라는 것이다. 여기서 이 점을 굳이 강조하는 것은 과학 분야의 연구를 실제로 경험하지 못한 사람들은 이런 사실을 제대로 알아차리기가 쉽지 않기 때문이다.

사실 지구는 원통도 구체도 아니다. 지구는 양쪽 극으로 갈수록 조금 납작해지는 타원체다. 정확히 말하면 남극이 북극보다 조금 더 납작하므로 타원체도 아니고 서양배 모양에 가깝다. 현대에 와서 측정한 불규칙 요소도 있으므로 실제로는 배 모양이라고도 할 수 없다. 시간이 갈수록 지구의 정확한 모양이 점점 개선된다는 사실이 흥미로운 사람도 있겠지만, 그런 사실 자체가 세상에 관한 지식을 근본적으로 바꿔놓는 것은 아니다. 아낙시만드로스가 말한 원통에서 구체, 타원체, 배 모양을 거쳐 오늘날의 불규칙한 형태로 변화해온 과정을 두고 지구의 모양에 관한 지식이 점진적으로 개선되었다고 말할 수는 있어도, 그것을 지식의 혁명이라고 부를 수는 없다.

지구가 다른 어떤 것에도 의지하지 않은 채 허공에 떠 있는 돌멩이이고, 우리 머리 위에 보이는 하늘이 발 아래에도 똑같이 있다는 개념이야말로 인류 사상사의 일대 도약이다. 이것이 아낙시만드로스의 업적이다.

현대의 비과학 분야 학자 중에는 지구를 원통으로 본 아낙시만드로스의 우주관을 원시적이며 별로 중요하지 않은 것으로 치부하고, 지구가 둥글다고 말한 피타고라스와 아리스토텔레스의 우주 모델을 과학적이라고 평가하는 사람이 꽤 많다. 그러나 이런 판단이야말로 명백한 과학적 오류다.

첫째, 지구가 평평하다고 믿은 인류가 지구를 허공에 떠 있는 유한한 천체라고 생각한 것은 좀처럼 일어나기 힘든 대혁명이었다. 중국의 천문학이 무려 2,000년간 이어져오면서 이런 혁명을 이뤄내지 못한 것만 봐도 이것이 얼마나 어려운 일이었는지 알 수 있다. 반면에 지구가 원통형이라고 생각하다가 알고 보니 구체였다고 바꾸는 것은 그리 어려운 일이 아니다. 그런 변화는 단 한 세대 만에 이뤄졌다.

둘째, 지구의 모양에 관한 질문에 있어 구형도 최종적 해답은 아니다. 원통형보다 조금 더 정확하지만, 타원형 모델에는 못 미치는 답일 뿐이다.

따라서 우주론의 위대한 혁명을 불러온 주인공이라는 칭호는 당연히 아낙시만드로스에게 돌아가야 한다.

❖ ❖

그런데 아낙시만드로스는 도대체 어떻게 땅 아래에도 하늘이 있다는 생각을 해냈을까? 조금만 생각해보면 이 질문의 해답이 될 만한 실마리가 수없이 많음을 알 수 있다. 태양은 매일 저녁 서쪽으로 지고 다음 날 아침이 되면 동쪽에서 다시 떠오른다. 그러면 밤에는 어떤 경로를 따라 서쪽에서 동쪽으로 이동할까?

북극성을 살펴보자. 맑게 갠 여름밤, 우리는 다른 모든 별이 장엄한 하늘을 가로지르며 천천히 도는 동안 오직 북극성만이 제자리를 굳건히 지키며 회전축 노릇을 하는 것을 볼 수 있다. 작은곰자리의 별들처럼 북극성 주변에 있는 별들은 약 24시간에 걸쳐 천천히 공전하며 한 바퀴를 돈다. 그 별들은 햇빛에 눈이 부시지 않는 한 언제든지 하늘에서 찾아볼 수 있다. 북극성에서 멀리 떨어진 별들은 단지 시간이 좀 더 걸릴 뿐, 북쪽 지평선을 스치듯 지나가면서 24시간 안에 한 바퀴를 도는 것은 마찬가지다.

별들이 산 뒤편으로 사라졌다가 잠시 후 동쪽에서 다시 모습을 보이는 경우도 많다. 그럴 때 별들은 산 뒤로 지나간 것이 분명하다. 북극성에서 좀 더 멀리 떨어진 별들은 어떨까? 그들 역시 무언가의 뒤로 사라졌다가 다시 나타나는 듯하다. 그렇게 이동하려면 그 뒤편에 허공이 있어야 한다. 북극성 저 멀리 천구의 적도에 있는 별들, 즉 태양처럼 동쪽에서 떠서 서쪽으로 지는 별들은 어떨까? 이 별들이 땅 아래로 사라진다고 상상해보는 것은 꽤 자연스러운 일이다. 그런데 별들이 땅 아래를 지나간다면, 그 아래에 허공이 있어야 하지 않겠는가?

이 사실을 인지하는 과정이 대지의 물이 증발해 빗물이 된다는 것을 깨닫는 과정과 구조적으로 유사하다는 점은 흥미롭다. 한낮에 그릇에 채워둔 물은 햇볕에 말라 사라졌다가 나중에 비가 되어 내린다. 똑똑한 사람은 이렇게 사라졌다가 다시 나타난 물을 서로 관련지어 빗물이 바로 증발한 물이라는 사실을 알아차린다. 서쪽에서 사라졌다가 동쪽에서 다시 나타난 태양도 마찬가지다. 아낙시만드로스는 이 둘이 서로 관련이 있다고 보고 그 연결 통로를 고민한 끝에 지구 아래에 허공이 있다는 결론에 도달했다. 먼저 호기심을 발동한 후 똑똑한 두뇌를 동원해 얻은 결론이다.

실제로 아낙시만드로스가 지구 아래에 허공의 존재를 알아차린 것은 어떤 사람이 집 뒤로 사라졌다가 반대편에서 다시 나타나는 것을 보고 그 뒤에 통로가 있음을 아는 단순한 논리에 불과했다.

그런데 정말 이렇게 단순한 논리라면 그토록 오랜 세월이 흐르도록 인류가 이 사실을 알아차리지 못한 이유는 무엇일까? 어째서 그토록 많은 문명이 땅은 또 다른

땅 위에 놓여 있을 뿐이라고 생각했을까? 찬란한 문명을 자랑했던 중국인들은 왜 예수회의 가르침이 전해진 17세기가 되도록 이 사실을 몰랐을까? 밀레토스를 제외한 온 세상 사람들이 바보였던 것일까? 물론 그럴 리는 없다. 그렇다면 도대체 왜 이렇게 뻔한 사실을 알아차리지 못했을까?

왜냐하면 지구가 허공에 떠 있다는 생각이 우리가 일상에서 접하는 세상과 완전히 다른 것이었기 때문이다. 그것은 한 번도 들어본 적이 없는 터무니없고 믿을 수 없는 개념이었다.

첫째, 우리는 이 세상이 우리의 직접적인 경험이나 오 랫동안 익숙하게 여겨온 이미지, 나아가 모든 사람이 믿 는 신념과 다를 수 있다는 점을 받아들여야 한다. 그러기 위해 가장 필요한 단계는 모든 사람이 진실이라고 생각 해온 내용이라도 언제든지 의문을 제기할 수 있는 문화 를 조성하는 일이다.

둘째, 우리는 기존의 세계관을 대체할 수 있는 일관되 고 믿을 만한 대안을 마련해야 한다. 지구가 허공에 떠 있다는 개념은 우리가 알던 기존의 법칙, 즉 모든 사물은 아래로 떨어진다는 원리를 정면으로 거스른다. 지구를 떠받치는 것이 없다면 아래로 떨어질 수밖에 없다. 그런 데 왜 지구는 떨어지지 않는단 말인가?

드러난 증거를 바탕으로 지구 아래에 허공이 있으리 라는 추론을 끌어내는 것은 어려운 일이 아니다. 그 정도 과정은 우리가 모를 뿐 어쩌면 중국 천문학이나 다른 어 떤 문명권에 이미 존재했을지도 모른다. 그러나 과학에 서 어려운 일은 어떤 개념을 떠올리는 그 자체가 아니다. 실제로 효과가 있는 개념을 창안하고, 그것을 기존 지식 의 일부로 통합한 다음, 다른 사람들에게 그 전체가 새로 운 일관된 체계가 되었음을 이치에 맞게 설득하는 일이 다. 따라서 정말 어려운 일은 일관되고 완전한 대안적 세계관을 창안할 지성과 이를 설득할 용기를 갖추는 것이다.✝ 지구가 허공에 떠 있다는 개념은 별의 일주운동과 완벽히 일치했기에 그것을 떠올리는 일은 비교적 쉬웠다. 하지만 무거운 물체가 아래로 떨어진다는 기존 상식과는 충돌하는 개념이었다. 이 둘을 조화롭게 통합하는 것이 진정한 난제다.

아낙시만드로스의 천재성은 '지구는 왜 떨어지지 않는가?' 하는 질문을 떠올렸다는 데 있다. 그의 대답은 아리스토텔레스의 《천체에 관하여》에 실려 있다. 나는 이 대답이야말로 과학사에서 가장 빛나는 순간이라고 생각한다. 그는 지구가 떨어지지 않는 것은 그 어떤 방향으로도 떨어질 이유가 없기 때문이라고 했다. 《천체에 관하여》의 해당 구절을 옮겨보면 다음과 같다.

✝ 과학자들이 흔히 그렇듯이 우리 집에도 독자들이 보내온 독창적이고 대담하면서도 쓸모없는 과학적 발상이 담긴 편지가 가득 쌓여 있다. 수많은 생각이 나와도 그중 대부분은 소용이 없는 것이 현실이다. 기원전 3세기에 그리스의 천문학자 아리스타르코스는 지구가 자전하는 동시에 태양 주위를 공전한다는 생각을 떠올렸다. 그의 생각은 코페르니쿠스가 이룬 혁명 덕분에 옳았음이 입증되었다. 그러나 영광은 오로지 코페르니쿠스에게 돌아갔다. 그 생각이 사실임을 입증하고 기존의 세계관에 통합함으로써 사람들에게 그것을 설득한 사람이 다름 아닌 코페르니쿠스였기 때문이다. 생각을 떠올리기는 쉽지만, 좋은 생각을 알아보고 그것이 기존의 상식보다 낫다는 근거를 제시하는 일은 어렵다. 태양이 지구 아래로 지나간다고 상상한 사람은 많았을지도 모른다. 하지만 그들은 인류의 세계관을 바꾸지 못했다.

   과학하는 인간의 태도

아낙시만드로스를 비롯한 고대 학자들은 지구가 어느 방향으로도 힘이 작용하지 않으므로 제자리를 지킨다고 말했다. 그들은 가운데에 자리한 물체에 사방에서 가해지는 힘이 모두 똑같다면 그 물체는 위아래, 양옆 등 어느 방향으로도 움직일 이유가 없다고 봤다. 마찬가지로 그 반대 방향으로 움직일 이유도 없다. 따라서 계속해서 제자리를 유지하게 된다. 그야말로 천재적인 발상이 아닐 수 없다.

그의 주장은 놀랄 정도로 정확하다. 아리스토텔레스가 주목한 부분은 아낙시만드로스가 '지구는 왜 떨어지지 않는가?'라는 질문을 '지구가 왜 떨어져야 하는가?'로 바꾼 대목이었다. 히폴리투스는 이 개념을 좀 더 명료하게 소개했다(번역에 있어서는 논란이 있다).

지구는 어떤 힘에도 영향을 받지 않은 채 허공에 떠 있다. 지구가 제자리를 지키며 움직이지 않는 것은 모든 지점에서 똑같은 거리만큼 떨어져 있기 때문이다.[1]

---

[1] 아낙시만드로스는 지구가 세계의 끝에 있는 모든 점에서 동일한 거리만큼 떨어진 우주의 중심에 위치해 낙하하지 않는다고 말했다.

우리는 무거운 물체가 떨어지는 현상을 매일 경험한다. 그것은 그들이 거대한 물체, 즉 지구와 매우 가까이 있어 그 영향권에 사로잡혀 있기 때문이다. 물체는 우주 전체에서 보편적인 단 하나의 아래쪽으로 떨어지지 않는다. 사실 위나 아래라는 방향조차 그리 자명하지 않다. 우리는 물체가 아래로 떨어진다고 말하지만, 우주에서 아래가 어느 쪽인지 누구도 확실히 말할 수 없다.

히폴리투스의 또 다른 문서는 이 문제에 관해 다음과 같이 언급한다.[2]

> 아래쪽(지구 반대편)에 발을 딛고 선 사람에게는 위에 있는 물체가 아래에 있고, 아래에 있는 물체가 위에 있다. (…) 이것은 지구의 어디에서나 똑같이 나타나는 현상이다.

위아래 같은 개념은 우리가 세상을 경험하는 방식을 결정하고 물리 세계를 인식하는 정신적 바탕이 된다. 그

2　여기서 말하는 '또 다른 문서'는 《모든 이단에 대한 반박Philosophoumena》으로 추정되며, 이어지는 인용문은 디오게네스 라에르티오스의 전승을 바탕으로 재서술된 것으로 보인다.

　　　　과학하는 인간의 태도

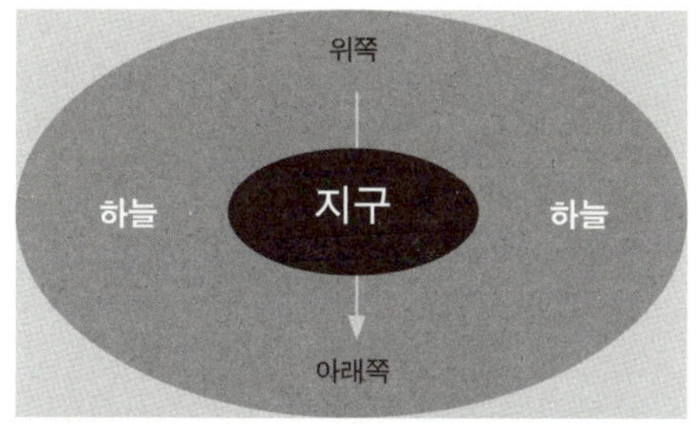

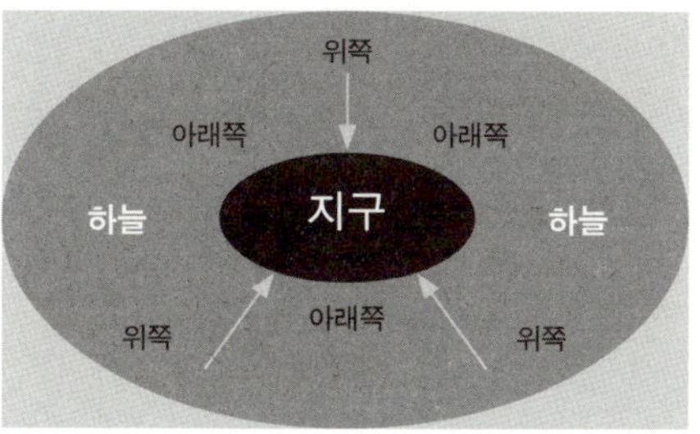

│그림 09│ 아낙시만드로스의 통찰. 우주는 위의 그림과 같은 모습이 아니며, 물체가 떨어져야 할 특별한 방향(여기서는 위아래)은 없다. 아래의 그림은 물체가 그것에 영향을 미치는 힘(지구)에 이끌려 특정 방향(지구 쪽)으로 낙하한다는 것을 보여준다. 아낙시만드로스가 실제로 이런 그림을 그렸는지, 그가 지구를 이런 모습으로 상상했는지는 알 수 없다.

런데 아낙시만드로스의 새로운 세계관에서는 이런 개념의 의미가 근본적으로 바뀐다. 아낙시만드로스는 위아래라는 개념이 우리의 일상적 경험에서 나온 것임을 이해한 덕분에 혁명을 이룩할 수 있었다. 우리가 일상적으로 사용하는 위아래 개념은 물리 세계의 절대적·보편적 구조가 아닐 뿐더러 우주 공간의 선험적 질서는 더더욱 아니다. 위아래는 절대적 개념이 아니라 지구의 존재에 따라 정해지는 상대적 개념이다. 지구 표면에서는 물체가 떨어지는 방향이 정해져 있다. 바로 지구 쪽이다.

아낙시만드로스가 창안한 혁명적 우주관은 다른 위대한 과학 혁명과도 공통점이 많다. 그가 이룩한 위대한 진전은 갈릴레오나 코페르니쿠스의 그것과 매우 비슷하다. 지구가 움직인다니? 우리가 딛고 서 있는 대지가 이토록 튼튼한데 도대체 어떻게 움직인단 말인가? 그러나 코페르니쿠스의 혁명에 이어 갈릴레오까지 운동과 정지는 결코 절대적 개념이 아니라고 선언한다.

지상에 존재하는 물체들의 상대적 위치는 변하지 않지만, 태양계의 차원에서 보면 그들은 끊임없이 움직이고 있다. 정지와 운동이라는 개념은 우리가 일상에서 경험하는 것보다 훨씬 복잡하다. 아인슈타인의 특수상대성이론에서도 '지금'이라는 동시성 개념은 결코 절대적인 것이 아니고 관찰자의 상태에 따라 달라지는 상대적 개념이라고 말한다.

아인슈타인의 이론에 포함된 동시성 개념이 우리에게 그토록 난해한 이유는 고대인들이 아낙시만드로스의 우주론에서 위아래 개념을 이해하기 어려웠던 이유와 매우 비슷하다. 오늘날 사람들은 위아래가 상대적 개념이라는 것을 쉽게 이해할 수 있지만, 동시성이 상대적이라는 말은 물리학을 깊이 공부하지 않은 사람에게 여전히 어려운 내용이다. 그 이유는 자명하다. 아낙시만드로스의 이론은 무려 2,600여 년에 걸쳐 차근차근 발전해온 반면에 아인슈타인의 이론은 아직 낯선 내용이기 때문이다. 그러나 아인슈타인의 이론도 아낙시만드로스와 같은 개념적 과정을 거칠 것이며, 언젠가 그의 이론도 어렵지 않게 받아들여지는 날이 올 것이다.

두 이론 사이에는 또 한 가지 부차적 차이점이 있다. 바로 이론을 구축하는 과정이 얼마나 정교했는지의 문제다. 아인슈타인의 이론은 맥스웰의 이론이나 갈릴레오와 뉴턴의 역학처럼 이미 탄탄한 체계를 갖춘 관찰에 근거해 연구한 결과이지만, 아낙시만드로스는 오직 별이 뜨고 지는 현상을 지켜본 관측에 의존해 자신의 이론을 수립했다.

아낙시만드로스가 위대한 이유는 이토록 턱없이 부족한 관측 결과를 보완하는 과정에서 새로운 우주관을 창안했다는 점이다. 그는 우주와 공간에 관한 기존의 사고 체계를 근본적으로 바꿔놓았다.

인류는 오랫동안 물체가 떨어지는 방향이 오직 하나밖에 없다고 굳게 믿었다. 아낙시만드로스는 그런 기존 관념을 부정하고 세상은 우리 눈에 보이는 것과 다르다고 말한다. 우리는 우리가 경험하는 좁은 범위 내에서만 세상을 본다. 이성과 관찰은 그동안 우리가 편견 때문에 세상의 실제 모습을 제대로 보지 못했음을 알려준다. 우주에는 물체가 떨어져야 할 방향이 정해져 있지 않다.

이것은 정신이 아득해질 정도로 강력한 사고 혁명이자 너무나 정확한 진실이다. 이런 세계관이 확립되면 지구가 떨어질 이유도 자연히 사라진다. 오늘날 남아 있는 문서가 말하는 아낙시만드로스의 주장은 지구가 어딘가로 떨어지리라는 생각은 잘못된 근거에 따른 믿음이었다는 것이다.

우리는 충실한 관찰과 예리한 지성을 발휘함으로써 협소하고 편향적인 세계관에서 벗어날 수 있다. 그렇게 함으로써 기존의 세계관은 더 새롭고 효과적인 형태로 탈바꿈한다. 그리고 이런 지식은 날이 갈수록 발전한다.

먼저 지구가 원통이 아니라 구체라는 것을 깨닫는다. 나아가 지구는 구체도 아니고, 정지해 있지 않으며 끊임없이 움직인다는 것을 발견한다. 그뿐만 아니라 지구가 다른 물체를 끌어당기고, 나중에는 모든 물체가 서로 끌어당긴다는 깨달음으로 나아간다. 그리고 마침내 이런 인력이 시공간의 뒤틀림을 초래한다는 것을 알게 된다.

이 과정은 수 세기에 걸쳐 일어나지만 그 첫발을 내디딘 사람은 아낙시만드로스였다. 그것을 계기로 거의 모든 문명이 보편적으로 믿고 있던 기존의 세계관이 뒤집혔다. 그리고 하늘로 둘러싸인 지구라는 그리스 문명의 독특한 세계관이 탄생했다. 그 세계관은 오늘날 우리에게까지 계승되었다.

쿠프리는 아낙시만드로스의 우주론에 또 다른 중요한 혁신의 요소가 있다고 말한다. 아낙시만드로스 이전까지 사람들은 하늘의 둥근 천장, 즉 천구가 세계의 최상위 경계라고 생각했다. 인류는 태양, 달, 별이 천구 면을 따라 움직이며 지상에서 그들까지의 거리는 모두 같다고 생각했다. 그러나 아낙시만드로스는 달랐다. 그는 천체가 천구에 매달려 있는 것이 아니라 지상에서 각각 다른 거리의 우주 공간에 퍼져 있다고 본 최초의 인물이었다. 하늘의 깊이를 본 것이다.

그는 태양, 달, 별을 지탱하는 바퀴의 반지름을 수치로 제시했다(27:18:9). 그 구체적 숫자가 중요하다기보다는 그것이 어떠한 의미를 가질 수 있다는 데 중요한 의의가 있다. 천구라는 한계에 갇혀 있던 인류의 세계관이 그 너머의 우주 공간으로 확장되었다는 것이다.† 쿠프리는 아낙시만드로스가 우주라는 열린 공간을 창안했다고 말한다. 이것은 엄청난 사고의 도약이다.

과학사에서 아낙시만드로스에 버금가는 사고 혁명의 예가 있다면 1543년에 발표된 코페르니쿠스의 논문이 불러온 혁명 정도일 것이다.†† 아낙시만드로스와 마찬가지로 코페르니쿠스도 우주의 지도를 다시 그린다. 아낙시만드로스는 위에 하늘이 있고 아래에 지구가 있는 우주 대신 주변이 하늘로 둘러싸인 채 허공에 떠 있는 지구라는 우주를 제시했다. 코페르니쿠스는 허공에 떠

---

† 쿠프리가 나에게 물리학자로서 태양, 달, 별이 지구에서 떨어진 거리가 각각 다르다는 결론에 이른 아낙시만드로스의 논리를 이해할 수 있냐고 물어본 적이 있다. 내가 겨우 생각한 대답은 천체들이 모두 같은 거리만큼 떨어져 있다면 그들을 운반하는 바퀴(그들이 떨어지지 않기 위해 필요하다)에서 서로 부딪치게 되므로 그런 결론을 내렸을 거라는 정도였다. 물론 이 대답은 내가 생각해도 별로 설득력이 없다.

†† 코페르니쿠스의 책 제목은 《천체의 회전revolution에 관하여》다. 그 이전에 'revolution'이라는 단어는 원운동, 특히 행성의 궤도운동만을 의미했다. 그런데 이 책이 인류의 세계관을 뒤흔들었고, 그 결과 제목에 쓰인 revolution이 혁명을 의미하게 된 것은 아닌지 추측할 수 있다.

있는 이 지구를 우주의 중심에서 태양의 주변을 도는 궤도로 옮겨놓았다. 아낙시만드로스가 그랬듯이 코페르니쿠스의 혁명도 이후 몇 세기에 걸쳐 진행되는 엄청난 과학 발전의 토대가 되었다.

아낙시만드로스와 코페르니쿠스 사이에 유사점은 또 있다. 코페르니쿠스는 정치적 분열과 교역, 개방을 상징하는 이탈리아에서 공부하며 르네상스 초기의 풍요롭고 활기찬 문화를 자양분으로 섭취했다. 아낙시만드로스도 르네상스 시대의 이탈리아와 여러 면에서 유사한 초기 그리스 문명을 경험하며 자랐다.

그러나 차이점도 있다. 코페르니쿠스는 알렉산드리아와 아랍의 천문학자들이 집대성한 기술과 학문을 바탕으로 자신의 이론을 정립했다. 반면에 아낙시만드로스의 연구는 탈레스가 최초로 던진 질문과 부정확한 추측에 그가 직접 관찰한 내용을 덧입힌 결과였다. 아낙시만드로스는 이런 빈약한 바탕으로 과학사에서 최초이자 가장 뛰어난 혁명, 지구가 허공에 떠 있다는 발견을 이뤄낸 것이었다.

이 장을 마무리하면서 두 저자의 말을 소개한다. 먼저 찰스 칸의 말이다.

우리는 설사 저자가 누군지 모른다고 해도, (지구의 위치에 관한 아낙시만드로스의 이론만으로) 그를 합리적 자연과학의 창시자로 인정할 수 있다.

다음은 영국의 과학철학자 칼 포퍼의 말이다.

나는 지구가 우주 공간에 떠 있다는 아낙시만드로스의 생각이야말로 인류의 사상사에서 가장 대담하고 혁명적이며 선구적인 것이었다고 본다.

5장

단 하나의 근원을 찾아서

철학사를 살펴보면 탈레스, 아낙시만드로스, 아낙시메네스 등으로 구성된 이오니아학파가 최초의 철학자들이었음을 알 수 있다. 그들은 만물이 하나의 근원에서 생성되었다는 일원론을 설파했다. 탈레스는 물, 아낙시만드로스는 아페이론, 아낙시메네스는 공기가 만물의 근원이라고 봤다. 사실 이는 세상의 원리를 아는 데 전혀 도움이 되지 않는 주장들이다. 어떻게 이런 말을 한 사람들을 최초의 철학자라고 부를 수 있는지 도무지 이해되지 않을 정도다. 그렇다면 일원론자들의 주장을 알기 쉽게 풀어보자. 다만 철학이 아니라 과학의 관점에서 몇 가지 사항을 덧붙이면 좋을 것 같다.

아낙시만드로스에 앞서 탈레스(아낙시만드로스 이전)와 아낙시메네스(아마도 아낙시만드로스 이후)에 관해 살펴보겠다.

탈레스의 물

탈레스에 관해서도 오늘날 알려진 바는 거의 없다. 단지 그가 여러 곳을 방문했고, 밀레토스에서 시민 활동을 했다는 기록이 남아 있을 뿐이다. 기초 기하학 분야의 몇 가지 정리와 증명이 탈레스의 작품이라는 말도 있다. 그의 가장 중요한 업적은 모든 자연현상을 설명하는 단 하나의 근원이 존재한다고 가정하고, 이후 '아르케*arche*'라고 불리는 그 근원을 연구하기 시작했다는 것이다.[1] 밀레토스학파는 아르케의 정확한 의미를 두고 많은 논쟁을 벌였다. 그 논쟁의 자세한 내용은 이 책의 범위를 넘어서므로, 여기서는 그것이 이후 과학 발전에 어떤 영향을 미쳤는지만 잠깐 짚어보겠다.

아르케의 의미는 그 용법을 통해 유추하는 편이 좋다. 근원이라는 단어는 그 자체만으로 흥미로운 의미를 지니지 않는다. 탈레스가 그 단어에 어떤 철학적 의미를 부여하려 했는지에만 집중하면 오히려 그 의미를 이해하기 어려울 수 있다. 그보다는 탈레스가 이 개념을 가지고 무엇을 설명하려 했는지, 그 용법을 살펴보는 것이 이해

---

1   변화무쌍한 자연현상을 단 하나의 근원으로 설명할 수 있다는 것은 탈레스의 발상이었지만, 아르케라는 단어는 아낙시만드로스에 의해 처음 사용되었다.

 과학하는 인간의 태도

에 더 도움이 될 것이다.

탈레스가 아르케라는 단어를 사용한 용법은 명확하다. 그는 다양한 자연현상을 그 자체에 내재한 단 하나의 원리로 설명해 자연의 작동 원리를 이해하려 했다. 이런 관점에서 볼 때 탈레스의 시도야말로 전형적인 과학적 사고라고 할 수 있다. 만물의 근원은 물이라는 투박하고 단순한 설명에는 최초의 과학적 사고가 안고 있던 어려움과 서투름이 잘 드러난다.

탈레스는 물과 바다를 중요하게 생각한 고대 신화의 정신을 계승했을 것이다. 그는 지구를 바다에 떠 있는 원반의 모습으로 상상했다. 메소포타미아를 비롯한 대부분의 고대 문명에는 세상 어디로 가든 결국 바다에 도착한다는 생각이 널리 퍼져 있었다(모든 대륙을 오케아노스강이 둘러싸고 있다는 개념). 바빌론의 창조 설화《에누마 엘리시》도 혼돈에 휩싸인 압수 신의 물에서 세상이 만들어졌다고 노래한다. 다음은 구약 창세기의 첫 구절이다.

태초에 하나님이 천지를 창조하시니라. 땅이 혼돈하고 공허하며 흑암이 깊음 위에 있고 하나님의 신은 수면에 운행하시니라. 하나님이 가라사대 빛이 있으라 하시매 빛이 있었고 빛이 창조되기 전에 바다가 이미 존재했다는 점에 주목해보자.《일리아스》에서도 바다의 신 오케아노스는 모든 신의 아버지로 묘사되어 있다. 이런 생각은 유라시아 민족과 아메리카 민족이 서로 나뉘기도 전인 훨씬 옛날부터 존재했을지도 모른다. 아메리카 나바호족의 창조 설화도 "유일신의 이름은 '어디에나 존재하는 물'이다"라는 구절로 시작한다.

그러므로 만물의 근원이 물이라는 탈레스의 생각은 고대 신화나 그가 방문한 바빌론에서 들은 이야기로부터 출발한 것으로 볼 수 있다. 그러나 그가 생각한 물의 역할에는 신화나 종교의 요소가 전혀 포함되지 않는다. 탈레스가 말한 물은 그저 물일 뿐이며, 그가 생각한 바다는 신이 아니다.

자연현상을 이렇게 단순하게 해석한 그의 태도에는 합리적 사고가 태동한 당시의 방법론적·자연주의적 명쾌함이 고스란히 드러난다. 예컨대 탈레스는 물 위에 떠 있는 대지가 파도에 흔들리는 것이 지진의 원인이라고 생각한다.

탈레스의 생각은 비록 여러 문제가 있었지만(지구가 어떻게 물에 가라앉지 않고 떠 있는지), 나중에 아낙시만드로스의 자연주의적 관점이 활짝 꽃피는 씨앗이 되었다.

아낙시메네스의 응축과 희박

아낙시메네스가 탈레스의 물(곧이어 설명할 아낙시만드로스의 아페이론과 함께)을 공기로 바꾼 것은 커다란 업적이다. 그 핵심은 물에서 공기로 주목하는 대상을 옮겨 갔다는 데 있지 않다. 중요한 것은 그가 탈레스와 아낙시만드로스의 이론에 문제가 있음을 깨닫고 이를 해결했다는 것이다.

만물의 근원이 물이나 아페이론이라면, 그것은 어떻게 자연에서 찾아볼 수 있는 수많은 물질의 다양한 형태와 일관성의 원천이 되는가? 훗날 아리스토텔레스도 이 문제를 지적한다. 그는 그리스 물리학의 전형적 언어를 사용하며 똑같은 물질이 어떨 때는 가볍고 또 어떨 때는 무거울 수 있는지 묻는다.

심플리키우스는 이 문제에 관해 아낙시만드로스가 제시한 해답을 소개하는데, 이는 우리가 보기에 만족스럽지 않다.

(아낙시만드로스에 따르면) 만물은 기본 원소의 변화가 아닌 분리로 인해 탄생한다. 세상에는 영속적 움직임이 존재하는데, 이런 힘이 원소 내에 공존하는 정반대의 속성들을 분리하는 것이다.

심플리키우스가 말하는 '정반대의 속성'이란 뜨겁고 차가운 것 혹은 습하고 건조한 것 등을 의미한다. 그리 설득력 있는 주장은 아니다.

아낙시메네스는 단 하나의 원소가 다양한 형태로 존재할 수 있는 합리적 이유를 설명하고자 한다. 그리고 이 것을 응축과 희박의 메커니즘으로 파악하는 놀라운 통찰력을 선보인다. 공기가 응축되어 물이 만들어지고, 물이 희박해지면 다시 공기가 된다는 것이다. 나아가 물이 더 응축되면 흙을 비롯해 다양한 물질로 바뀐다. 그의 설명은 세상의 구조를 합리적으로 이해하기 위한 중요한 일보 진전이 틀림없다.

후대의 이오니아 철학자들은 아낙시메네스가 말한 응축과 희박에 소수의 기본 물질이 서로 결합해 다양한 물질을 만들어낸다는 개념을 추가했다. 원자론자인 레우키포스와 데모크리토스는 허공을 떠도는 원자라는 개념을 도입해 응축과 희박의 개념을 사람들이 이해하기 쉽게 구체화했다.

오늘날 우리는 세상 만물이 전자, 양성자, 중성자 등의 기본 입자로 구성된다고 알고 있다. 세상에 다양한 물질이 존재하는 것은 이런 기본 입자가 다양한 형태로 결합하거나 응축과 희박의 과정을 거치기 때문이다.

 과학하는 인간의 태도

그러나 고대 그리스 과학과 현대 과학 사이의 이런 유사성 때문에 그리스 철학자들에게 신비한 예지력이 있었다고 단정할 필요는 없다. 그저 그리스 문명 초기에 만들어진 몇 가지 일반적 이론 체계가 오늘날까지 유효성을 입증한다는 사실이 드러났을 뿐이다.

항상 그렇듯이 해답을 찾기보다 올바른 질문을 던지기가 훨씬 어렵다. 만물의 근원을 간단한 원리로 설명할 수 있는지, 세상에 다양한 물질이 생겨난 원리는 무엇인지 같은 질문을 던지는 것이 중요하다.

아낙시만드로스의 아페이론

아낙시메네스의 혁명이 일어나기 전 시대에 활동했던 아낙시만드로스를 다시 생각해보자. 아낙시만드로스가 만물의 근원으로 지목한 아페이론은 도대체 무엇인가?

이 질문이 촉발한 논쟁은 주로 그리스 문헌에 등장하는 아페이론이라는 단어의 두 가지 의미에 관한 것이었다. 이 단어는 '한계가 없는 것(무한)'이라는 뜻도 있지만, 다른 한편으로는 '정해지지 않는 것(무규정)'의 의미도 있다.

과학적 관점에서는 이런 구체적 내용이 큰 의미가 없

으므로 이 책에서 자세히 다루지는 않겠다. 이것은 마치 1894년에 영국 물리학자 조지 존스톤 스토니가 '전자*electron*'라는 단어를 창안했을 때 그것이 전기 입자인지, 새로운 입자인지를 두고 벌어졌던 논쟁과도 비슷하다. 그가 왜 하필 전자라는 단어를 선택했는지는 전혀 중요하지 않다. 중요한 것은 스토니와 후학들이 창안한 새로운 이론 체계 속에서 이 개념이 어떤 역할을 하는지, 그리고 그것이 세계를 얼마나 제대로 설명하는지다. 스토니가 전자 대신 다른 이름을 붙였어도 이후의 과학사가 전개된 방향은 별로 다르지 않았을 것이다.

현대 물리학에서 전자와 가장 가까운 사촌 입자에는 미국 물리학자 머리 겔만이 제안한 '쿼크'라는 이름이 붙어 있다. 쿼크는 갈매기 울음소리를 뜻하는 영어 단어다. 아일랜드 소설가 제임스 조이스의 《피네간의 경야》에 "머스터 마크에게 세 번의 꽥꽥 소리를!*Three quarks for Muster Mark!*"이라는 구절이 나오는데, 겔만이 스스로 이 소설을 읽을 만큼 교양 있는 사람임을 은근히 과시하기 위해 이 단어를 선택했다는 이야기가 있다. 겔만이 발견한 입자와 이 단어 사이에 존재하는 유일한 연결 고리는 쿼크 입자가 세 종류라는 사실뿐이다.

마찬가지로 아낙시만드로스가 만물의 근원을 '무한'

 과학하는 인간의 태도

이나 '무규정' 외의 다른 이름으로 불렀어도, 그것이 과학사에서 차지하는 위상과 의미는 전혀 변하지 않았을 것이다. 그렇다면 아낙시만드로스가 아페이론이라는 단어를 통해 설명하려 한 의미는 무엇이었을까?

아페이론의 본질적 특징은 우리가 일상에서 경험하는 물질이 아니라는 점이다. 심플리키우스는 "아낙시만드로스에 따르면 만물의 근원은 아페이론이라고 한다"라고 전하면서 다음과 같이 덧붙였다.

> 아낙시만드로스는 '아르케'라는 단어를 처음으로 소개했다. 그는 이것이 물이나 어떤 원소가 아니라 뚜렷이 특정할 수 없는 무언가라고 정의했다. 그리고 그 속에 하늘과 세상의 만물이 탄생할 씨앗을 품고 있다고 말했다. 그는 이것을 시적 언어로 표현했다. 그는 4대 원소(물, 공기, 흙, 불)가 서로의 형태로 바뀌는 것을 관찰했고, 그중 어느 하나도 만물의 기초라고 생각할 수 없어 무언가 다른 존재가 있다는 결론에 다다랐다.

아낙시만드로스는 우리가 일상적으로 경험하는 모든 물질이 '다른 어떤 것'의 관점에서 이해될 수 있다고 제안했다. 그것은 자연적이면서도 우리의 일상적 경험에는 속하지 않는 무언가다. 우리가 경험하는 모든 물질과 동일하지 않지만, 그 물질들에 대해 하나의 통일적 원리로 기능하는 어떤 것의 존재를 상상한 것이다. 이런 가정이 유용하다는 생각이야말로 아낙시만드로스 직관의 핵심이다.

한편 탈레스와 아낙시만드로스, 아낙시메네스 등의 밀레토스 철학자들은 당시까지 신성과 초자연적 세계에 속한다고 여겨져왔던 자연을 이성적 추론의 대상으로 바꿔놓았다. 자연이 탐구의 대상이 된 것 자체가 밀레토스학파의 커다란 공헌이다. 자연을 뜻하는 단어인 '피지스*physis*'를 최초로 사용한 사람들도 아마 밀레토스학파였을 것이다.

또 다른 측면에서 보면 자연을 연구한다는 개념은 우리가 직접 경험한다고 해서 그 진면목을 알 수 없다는 인식을 바탕에 두고 있다. 자연을 이해하기 위해서는 그 근본 원리를 깨닫고 구조를 연구해야 한다. 진실은 연구의 대상이며 자연의 일부분이지만 겉으로 드러나 있지는 않다. 진리에 도달하는 수단은 인간의 관찰과 사고다. 직접적 경험을 뛰어넘어 자연의 실체를 상상하는 것은 오직 사고를 통해서만 가능하다.

밀레토스 철학자 이후 오늘까지 인류가 그런 노력을

　　　　　과학하는 인간의 태도

기울인 결과가 바로 이론과학의 발전 과정이다. 아낙시만드로스가 아페이론의 존재를 상상한 것은 이후 과학의 눈부신 성공을 예비한 바탕이 되었다. 눈에 보이지도 인식할 수도 없지만 자연현상을 설명할 수 있는 실체의 존재를 상상하는 것 말이다.

기원전 5세기 그리스의 데모크리토스와 레우키포스가 원자를 상상하고, 19세기 영국의 존 돌턴이 원자를 연구한 것은 모두 아낙시만드로스가 아페이론을 가정한 정신을 이어받은 결과였다. 그것은 모두 우리가 직접적으로 인식할 수 없는 자연의 실체이지만(원자에는 어떤 신성도 깃들어 있지 않다), 우리는 그것을 통해 물질의 구성을 이해할 수 있다.

또 다른 예로 패러데이가 현대 과학에 남긴 큰 공헌을 들 수 있다. 19세기 중반까지만 해도 전기와 자기 현상을 아우르는 통일된 원리는 밝혀지지 않았다. 패러데이는 심층 실험을 통해 관련 현상을 연구한 결과 전자기장이라는 새로운 개념을 창안했다.

장場은 마치 어디에나 뻗쳐 있는 거미줄처럼 모든 공간을 채우는 실체다. 그것은 오늘날 과학자들이 '패러데이의 역선力線'이라고 부르는 눈에 보이지 않는 선으로 이뤄져 있다. 패러데이는 전기와 자기라는 두 가지 장이 있다고 설명한다(또 다른 장도 존재한다). 이들은 서로 영향을 미치며 각각 전기력과 자기력을 담당한다. 패러데이는 그의 탁월한 책에서 물리 공간에 이런 장이 실제로 존재하는지 질문을 던진다. 그리고 조심스럽게 그렇다는 결론을 내린다. 멀리 떨어진 입자들이 서로 힘을 가하는 허공으로 이뤄졌다는 뉴턴의 우주관이 폐기되고, 새로운 실체인 장이 그 자리를 차지한 것이다.

그로부터 몇 년 후 맥스웰은 패러데이의 앞선 통찰을 이어받아 장을 설명하는 방정식 체계를 수립했다. 그는 빛이란 이런 거미줄을 타고 빠르게 퍼지는 물결로, 그중 파장이 더 큰 물결이 신호를 전달한다는 것을 간파했다. 헤르츠는 이를 실험으로 입증했고, 마르코니는 최초의 라디오를 제작했다. 오늘날의 무선통신은 눈에 보이지 않는 장을 중심으로 이뤄진 이 새로운 세계관에 바탕을 두고 있다.

원자, 패러데이와 맥스웰의 전자기장, 아인슈타인의 휘어진 시공간, 가연성 물질에 존재한다고 여겨졌던 플로지스톤[2], 아리스토텔레스와 헨드릭 로렌츠의 에테르[3],

---

2   18세기 초에 연소를 설명하기 위해 가정했던 물질.

3   전자기력의 전달 과정을 설명하기 위해 가정했던 보이지 않는 매개체.

 과학하는 인간의 태도

겔만의 쿼크, 파인만의 가상 입자[4], 슈뢰딩거의 양자역학에 등장하는 파동함수[5], 현대 기초 물리학에서 우주의 바탕으로 가정하는 양자장 등은 모두 인간이 직접 인지할 수는 없지만 복잡한 현상을 일관된 논리로 설명하기 위해 가정하는 이론적 실체들이다. 이들은 아낙시만드로스가 아페이론에 부여한 것과 같은 역할과 기능을 담당한다.

아페이론은 너무 오래된 초보적 이론이므로 맥스웰이 전자기장을 설명하기 위해 펼친 상세한 수학 이론이나 파인만의 양자장 이론에 비할 바는 아니다. 그러나 만약 집에 텔레비전 신호가 제대로 잡히지 않아 부른 안테나 수리공이 전자파가 언덕에 가려 잘 포착되지 않는다고 말할 때, 그가 말하는 전자파는 자연현상을 설명하는 이론적 실체다. 그는 옛날 아낙시만드로스가 제시한 아페이론에서 유래한 개념으로 추론하는 것이다.

인류 역사의 어느 시점에서 누군가 처음으로 다음과 같은 생각을 했다. '눈에 보이는 현상을 잘 설명하려면, 눈에 보이지 않는 새로운 자연적 실체의 존재를 가정하

---

4   입자들이 힘을 주고받는 과정을 설명하기 위해 계산에 쓰는 가상의 입자.

5   입자의 행동을 예측하기 위해 도입된 수학적 표현.

는 것이 합리적이다.' 그 누군가가 아낙시만드로스다. 이후로 우리는 끊임없이 똑같은 일을 반복해오고 있다.

아낙시만드로스, 피타고라스, 플라톤의 자연법칙

심플리키우스가 전하는 아낙시만드로스의 유일한 글을 다시 살펴보자.

> 만물은 만물에서 태어나 만물로 돌아가고, 그 과정은 필요에 따라 이뤄진다.
> 모든 정의와 불공정은 그에 상응한 보상을 받으며 시간의 질서에 순응하기 마련이다.

이 짧은 글이 분명히 말하는 바는 세상만사가 우연이 아니라 필연에 따라 펼쳐지며, 따라서 모종의 법칙이 존재한다는 것이다. 아울러 이런 법칙이 시간의 질서에 순응한다고도 못 박고 있다. 분명한 것은 자연법칙이 존재하며 이 법칙이 시간에 따라 사물이 변화하는 방식을 결정한다는 사실이다.

다만 이 법칙이 어떤 형태인지는 특정하지 않은 채 정의나 불공정 등 도덕률과 관련된 용어로 모호하게 표현할 뿐이다. 우리가 아는 한 아낙시만드로스가 이런 법칙을 명시적으로 언급한 내용은 어디에도 없다.

과학사의 다음 세대에서는 이런 법칙이 마땅히 갖춰야 할 형태 또는 언어를 이해한 인물이 나타난다. 그는 바로 피타고라스다. 밀레토스학파가 봤다면 완전히 새롭게 느꼈을 그의 통찰은 우주의 법칙이 수학으로 작성되었다는 것이다. 그는 아낙시만드로스의 세계관에 새로운 핵심 요소를 추가함으로써 여전히 모호하던 법칙 개념에 정확한 형태를 부여했다.

기록에 따르면 피타고라스는 기원전 569년에 밀레토스 인근 사모스섬에서 태어났다고 한다. 따라서 아낙시만드로스가 사망한 기원전 545년에 피타고라스는 24세였다. 기원전 3세기에 활동했던 신플라톤주의 철학자 이암블리코스 칼키덴시스가 쓴 《피타고라스의 생애》는 오늘날 남아 있는 피타고라스에 관한 가장 상세한 고대 문헌으로 손꼽힌다.

이 책에는 피타고라스가 18세나 20세 무렵에 밀레토스로 가서 탈레스와 아낙시만드로스를 만났다는 기록이 남아 있다. 그 내용을 전적으로 믿을 수는 없지만, 모두가 서로의 이름을 알 정도로 협소했던 고대 그리스 귀족 사회에서 피타고라스와 아낙시만드로스가 만나지 않았다고 보는 것이 오히려 이상한 것도 사실이다.

두 사람 다 동시대 같은 지역에 살던 지식에 목마른 인물이었다. 젊은 피타고라스는 나중에 자신의 학파가 창설되는 이탈리아 크로토네로 먼 길을 떠나기 전에 가까운 곳에 살던 유명 인물의 생각에 관심을 가졌을 것이다. 두 사람 모두 지구가 허공에 떠 있다는 똑같은 우주론을 지니고 있었다는 점을 생각하면 피타고라스학파의 사상이 이전 세대인 밀레토스학파의 영향을 받았음은 거의 확실해 보인다.

플라톤은 세계를 수학으로 설명할 수 있다는 피타고라스의 생각을 이어받아 더욱 발전시킴으로써 마침내 그가 설파한 진리론의 중추로 삼았다. 플라톤은 피타고라스의 가르침을 충실히 따라 세계의 구조가 수학의 언어로 기록되어 있다고 봤다. 그리스 문화에서 수학은 곧 기하학을 의미했다. 다소 논란이 있으나 심플리키우스의 기록에 따르면, 플라톤은 자신이 설립한 아카데미아의 정문에 "기하학에 무지한 사람은 이 문으로 들어올 수 없다"라는 문구를 새겨놓았다고 한다,

철학사에서는 플라톤이 아리스토텔레스의 동력인[6]을 비판한 것과 관찰보다 선험적 사고를 선호한 성향을 예로 들며 그의 반과학적 태도를 강조하는 경향이 있다. 하지만 사실 그는 과학 발전에 매우 중요한 공로자다.

플라톤은 세계를 기하학으로 설명하려는 계획을 자신의 책 《티마이오스》에서 구체화했다. 이 책에서 그는 데모크리토스와 레우키포스의 원자론, 엠페도클레스의 4원소설을 단순한 기하학 도형으로 해석했다. 현대 과학의 관점에서 플라톤의 성과는 보잘것없지만, 물리 세계를 기술하는 방법으로 수학을 채택했다는 점에서 그 방향은 올바른 것이었다.

오늘날의 눈으로 보면 기하학을 통해 세계를 양적으로 설명하려던 플라톤의 과감한 시도에서 한 가지 실수는 시간을 고려하지 않았다는 점이다. 그가 수학적으로 설명하려 한 대상은 정지 상태의 원자였다. 그는 만물이 시간의 흐름에 따라 변화한다는 사실을 미처 고려하지 못했다. 훗날 발견될 법칙은 공간기하학이 아니라 시간과 위치의 관계를 규정하는 법칙이며, 시간의 흐름에 따라 발생하는 변화를 기술하는 법칙이다. 약간 과장을 보

---

6   사물을 생성하고 변화시키는 네 가지 원인 가운데 하나.

태면 플라톤이 아낙시만드로스를 조금만 더 연구했으면 훨씬 나은 성과를 거두었을 것이다.

젊은 시절 케플러도 똑같은 실수를 저지른다. 그가 코페르니쿠스가 추론한 행성궤도의 크기를 설명하기 위해 플라톤의 입체를 활용한 시도는 훌륭했지만, 그 계산은 완전히 틀린 것이었다. 그는 코페르니쿠스의 연구를 깊이 숙지한 끝에야 자신의 실수를 바로잡아 시간의 흐름에 따라 변화하는 행성의 운동을 기술하는 세 가지 법칙을 찾아냈다. 그의 업적은 훗날 뉴턴역학의 탄생으로 이어졌다.

반면에 플라톤은 자신의 실수를 바로잡지 못했다. 그는 과학자로서는 실패했다. 하지만 세상을 수학으로 설명하려던 그의 시도는 후세에 엄청난 영향을 미쳤다. 심플리키우스에 따르면 '행성이 하늘에서 보이는 기이한 거동을 단순하고 규칙적인 운동으로 설명하는 방법은 무엇인가?'라는 질문을 최초로 던진 사람은 플라톤이다. 이 질문을 바탕으로 그리스의 수학적 천문학과 나중에는 코페르니쿠스, 케플러, 뉴턴을 거쳐 현대의 모든 과학이 탄생했다.

천문학은 정확한 수학적 과학이 될 수 있고 또 그래야 한다고 주장한 사람도 플라톤이었다. 그는 자신이 설립

　　　　　　과학하는 인간의 태도

한 아카데미아에서 테아이테토스를 비롯한 당대 최고의 수학자들과 함께 지냈다. 플라톤의 친구이자 제자였으며, 위대한 수학자이자 천문학자이기도 했던 에우독소스는 태양계를 설명하는 수학 이론을 최초로 수립하기도 했다.

그로부터 2,000년이 지난 후 갈릴레오는 운동의 제1법칙, 즉 관성의 법칙을 발견한다. 현대의 수학적 물리학으로 발전한 그의 업적은 겉으로 보이는 사물 뒤에 숨은 수학적 진리를 추구하는 플라톤과 피타고라스식 사고에 관한 신념에서 비롯된 것이었다. 갈릴레오는 자신의 이런 생각이 플라톤에서 왔다는 점을 분명히 밝힌다. 따라서 우리는 서양 과학 전체가 겉으로 드러난 자연현상 뒤에 숨은 수학 법칙을 찾기 위해 아낙시만드로스, 피타고라스, 플라톤 등이 공동으로 노력한 결과라고 말할 수 있다. 그러나 수학적 법칙이라는 개념이 등장하기 전에 자연현상을 지배하는 법칙이라는 개념을 최초로 생각한 주인공은 다름 아닌 밀레토스의 아낙시만드로스일 가능성이 크다.

향후 수 세기에 걸쳐 그리스인들은 이런 법칙을 다수 찾아내고 확인했다. 특히 그들은 천체의 운동을 기술하는 수학 법칙을 발견했다. 갈릴레오는 지상의 운동을 기술하는 수학 법칙을 발견했고, 뉴턴은 지상과 천체의 운동을 규정하는 법칙이 서로 같다는 것을 보여주며 현대 물리학의 창시자가 되었다.

아낙시만드로스가 이런 법칙이 존재하고 세계는 그 법칙에 따를 수밖에 없다는 생각을 떠올린 이래 장대한 모험의 여정이 이어졌다. 현대 기술의 바탕이 되는 갈릴레오와 뉴턴의 법칙은 물리 변수가 '필연적으로' '시간의 흐름에 따라' 변화할 수밖에 없다는 것을 보여준다.

    과학하는 인간의 태도

6장

반항으로 갚는 스승의 은혜

탈레스는 고대 그리스의 칠현 중 한 사람이자 그리스 사상과 제도의 창시자로 인정과 존경을 한 몸에 받는 역사적 인물이다. 아낙시만드로스는 같은 도시에 살았던 탈레스보다 겨우 열한 살 아래였던 것으로 전한다.

우리는 탈레스와 아낙시만드로스의 관계가 어떤 것이었는지 알지 못한다. 그들의 사상이 개인적 사색을 통해 나온 것이었는지, 플라톤의 아카데미아나 아리스토텔레스의 리케이온 같은 학교가 밀레토스에 있었는지 우리는 모른다. 만약 이런 학교가 있었다면 밀레토스에서도 교사와 학생들이 모여 토론과 수업, 강연 등을 열었을 것이다. 기원전 5세기의 문헌에 따르면 철학자들 사이에 공개 토론이 벌어졌다고 한다. 기원전 6세기의 밀레토스에도 이미 이런 토론이 있었을까?

기원전 6세기의 그리스는 인류 역사상 처음으로 글을 읽고 쓰는 능력이 전문 식자층을 넘어 전파됨으로써 귀족 계급 전체의 기본 소양으로 자리 잡은 시기였다. 심지어 오늘날에도 모든 초등학생이 읽고 쓰는 법을 쉽게 익히지는 않는다. 하물며 지금보다 문자 보급률이 훨씬 낮았던 당시에는 더 어려운 일이었을 것이다.

청년들은 누군가로부터 글을 읽고 쓰는 법을 배워야 했다. 따라서 비록 문헌상의 증거는 없지만 나는 당시 그리스의 주요 도시에 교사, 학교 등이 존재했다고 생각한다. 고대 아테네에서 현대의 대학까지 이어지는 전통, 즉 교육과 연구 기능이 통합된 교육기관은 기원전 6세기에 이미 존재했을지도 모른다. 결론적으로 나는 밀레토스에 진정한 의미의 학교가 있었다고 본다.

학교의 존재 여부와 상관없이 아낙시만드로스의 위대한 이론이 탈레스의 연구에 뿌리를 두고 있었음은 분명하다. 아낙시만드로스가 만물의 근원이라고 생각했던 아르케, 우주의 형태, 지진을 비롯한 자연현상을 자연주의 관점으로 설명한 시도 등은 바로 탈레스가 연구하던 주제였다. 탈레스의 영향은 다른 세부 사항에서도 분명하게 드러난다. 아낙시만드로스는 탈레스와 마찬가지로 지구가 원반이라고 생각했다.

지적인 면에서 아낙시만드로스는 탈레스와 아주 가깝다. 아낙시만드로스는 탈레스의 성찰을 바탕으로 자신의 이론을 정립하고 발전시켰다. 탈레스는 상징적이든 실질적이든 아낙시만드로스의 스승이었다.

탈레스와 아낙시만드로스의 관계를 깊이 살펴보는 일이 중요한 것은 어쩌면 그것이 아낙시만드로스가 문화사에 남긴 업적을 이해하는 열쇠가 될지도 모르기 때문이다.

고대 사상사에서는 스승과 제자의 관계를 흔히 찾아볼 수 있다. 공자와 맹자, 모세와 여호수아를 비롯한 선지자들, 예수와 바울, 부처와 교진여[1] 등이 대표적 예다. 그러나 탈레스와 아낙시만드로스의 관계는 이들과 크게 달랐다. 맹자는 공자의 사상을 깊이 연구하고 발전시켰지만, 스승의 주장을 의심한 적은 한 번도 없었다. 바울은 모든 복음서를 통틀어 가장 위대한 기독교의 이론적 기초를 세웠지만, 예수의 말씀을 비판하거나 공개적으로 의문을 제기한 적은 없었다. 선지자들은 여호와와 그 백성의 관계를 깊이 있게 설명했으나, 모세의 오류를 분석하는 언행은 일절 삼갔다.

오직 아낙시만드로스만 전혀 다른 태도를 보였다. 그는 탈레스의 문제의식에 깊이 몰두했고, 스승의 통찰과

---

1   불교 전통에서 최초로 부처의 가르침을 이해하고 깨달음을 얻은 제자.

지식을 온전히 흡수했다. 그런데 한편으로는 스승의 주장을 서슴없이 비판하기도 했다.

탈레스는 만물의 근원이 물이고, 지구는 물 위에 떠 있다고 한다. 그러나 아낙시만드로스는 스승의 견해를 일부 부인하며 물 없이 허공에 떠 있는 지구를 주장한다. 또한 탈레스는 지진이 일어나는 것이 지구를 떠받치는 바다가 흔들리기 때문이라고 한다. 아낙시만드로스는 다시 한번 반대하며 지진이 일어나는 것은 대지가 갈라지기 때문이라고 한다. 아낙시만드로스는 그 외에도 여러 분야에서 스승을 반박했다. 그로부터 몇 세기 후의 인물이었던 키케로조차 그의 태도에 당혹스러움을 감추지 않는다.

탈레스는 만물의 근원이 물이라고 주장했다. 그러나 같은 곳에 살았던 아낙시만드로스를 설득하지는 못했다.

고대 사회에서도 비판이 없었던 것은 아니다. 오히려 아주 활발했다. 예를 들어 성경은 바빌론의 이방 종교를 신랄하게 비판한다. 마르두크는 가짜 신이고, 그를 섬기는 사악한 성직자는 찔러 죽여야 할 자들로 가르친다. 그러나 고대 사회에는 이런 가르침에 대한 맹목적 복종이

　　　　과학하는 인간의 태도

있었을 뿐이며 중도적 태도는 존재하지 않았다. 심지어 아낙시만드로스 이후 세대인 피타고라스학파조차 예외가 아니었다. 그들은 피타고라스의 가르침을 조금도 의심하지 않았다. 피타고라스학파는 입버릇처럼 "그가 그렇게 말했다"라고 말했다. 피타고라스가 한 말은 무조건 옳다는 뜻이었다.

피타고라스학파가 피타고라스를, 맹자가 공자를, 바울이 예수를 절대적으로 따르고, 가치관이 다른 이들을 무조건 배격하던 당시 풍토에서 아낙시만드로스는 제3의 길을 열었다.

아낙시만드로스가 탈레스를 존경하고 그의 지적 성취에 크게 기대고 있었음은 명백한 사실이다. 그럼에도 그는 서슴없이 탈레스의 오류를 지적하고 개선 방안을 내놓았다. 맹자, 바울, 피타고라스학파 모두 이 좁은 제3의 길이 지식의 문을 여는 열쇠임을 알지 못했다.

나는 현대 과학 전체가 이 제3의 길을 찾아낸 결과라고 생각한다. 그 길은 정교한 이론으로만 열릴 수 있고, 진리는 그 이론을 끊임없이 연마함으로써 조금씩 모습을 드러낸다. 진리는 베일에 싸여 있다. 하지만 헌신적 관찰과 토론, 합리적 사고를 포기하지 않으면 언젠가 도달할 수 있다. 플라톤의 아카데미아와 아리스토텔레스의 리케이온도 이런 정신 위에 세워졌다. 알렉산드리아의 천문학은 이전 세대의 대가들이 제시한 가설에 끝없이 의문을 제기한 결과로 형성되었다.✝

아낙시만드로스는 제3의 길을 개척한 인물이다. 현대 과학의 기본 원칙은 그가 처음으로 표현하고 실행한 과정을 착실히 따른 결과다. 그것은 바로 선대의 지식을 습득한 다음 그들이 저지른 오류를 찾아내고 수정해 세상에 관한 이해를 증진하는 과정이다.

근대의 위대한 과학자들도 이런 과정을 똑같이 밟았다. 코페르니쿠스는 태양이 우리 행성계의 중심이라는 개념을 어느 날 갑자기 떠올린 것이 아니다. 그는 프톨레마이오스의 천동설을 터무니없는 말로 치부하지 않았다.✝✝ 그랬더라면 태양계를 설명하는 새로운 수학 공식을 고안할 수 없었을 것이고, 누구도 그의 말을 믿지 않아 코페르니쿠스 혁명은 일어나지 않았을 것이다. 오히

✝ 흔히들 프톨레마이오스의 천문학이 아리스토텔레스의 물리학을 맹목적으로 추종했다고 한다. 하지만 그것은 사실이 아니다. 예컨대 프톨레마이오스의 가장 큰 과학적 발견인 동시심(불규칙해 보이는 행성의 운동을 균일한 원운동으로 설명하기 위해 도입한 가상의 기준점)은 아리스토텔레스와 플라톤의 운동 원칙을 명백히 위반한다. 프톨레마이오스가 주장한 행성의 운동은 행성이 궤도에서 일정한 속도로 움직인다고 설명하는 아리스토텔레스의 물리학과 다르다.

✝✝ 안타깝게도 오늘날 대부분의 교과서는 그것이 터무니없다고 서술하고 있다.

려 그는 프톨레마이오스의《알마게스트》에 요약된 알렉산드리아 천문학에 경탄해 그 지식을 깊이 연구했다.

그는 프톨레마이오스의 방법을 자기 것으로 소화하고 그 효용을 인정했다. 프톨레마이오스가 남긴 업적을 깊이 연구해 한계를 인식한 다음 근본적 개선책을 찾았다. 코페르니쿠스는 프톨레마이오스 사상의 계승자로, 그의 책《천구의 회전에 관하여》는 프톨레마이오스의《알마게스트》와 너무나 비슷한 형식과 표현을 갖추고 있다. 코페르니쿠스가 갖춘 거의 모든 지식은 프톨레마이오스로부터 온 것이었다.

그러나 그는 프톨레마이오스의 오류를 과감하게 지적함으로써 미래를 향해 나아갈 수 있었다. 프톨레마이오스의《알마게스트》는 사소한 세부 사항이 아니라 가장 기본적이고 중요한 부분에 오류가 있었다. 코페르니쿠스로서는 프톨레마이오스가 책의 서두에서 지구가 우주의 중심에 굳게 자리하고 있다고 한 주장을 결코 인정할 수 없었다. 사실이 아니었기 때문이다.

뉴턴과 아인슈타인의 관계도 마찬가지다. 나아가 이것은 잘 알려진 과학자들에게만 해당하는 것이 아니라 오늘날 수많은 과학 논문과 이전 세대의 연구 결과에도 똑같이 적용된다. 과학적 사고는 과거의 가설과 결과에 관한 끝없는 의문을 통해 그 힘을 발휘한다. 그리고 이 의문은 과거의 업적이 지닌 가치를 깊이 이해하는 데서 나온다.

존중과 비판 사이에서 균형을 유지하는 일은 매우 어렵다. 그 길은 쉽게 눈에 띄지도, 저절로 열리지도 않는다. 유사 이래 1,000년 동안 인류가 이룩한 사색의 성과는 오늘날 남아 있지 않다. 인류의 사상사에서 스승의 업적을 계승하고 발전시키기 위해 오히려 그를 비판하는 지난한 과정은 아낙시만드로스가 스승인 탈레스에게 취한 태도로부터 시작되었다.

아낙시만드로스의 새로운 방식은 다른 사람들에게 즉각 영향을 미쳤다. 아낙시메네스가 이 개념을 이어받아 훨씬 풍부하게 다듬었고, 마침내 만물의 근원이 공기라는 독자적 학설을 내놓았다. 한번 열린 비판의 길은 닫히지 않았다. 헤라클레이토스, 아낙사고라스, 엠페도클레스, 레우키포스, 데모크리토스 등 쟁쟁한 사상가들이 세상과 사물의 근원에 관해 저마다의 학설을 거리낌 없이 펼쳤다. 이런 다양한 관점과 상호 비판이 시간이 지날수록 고조되는 과정은 언뜻 불협화음처럼 보일 수도 있다. 그러나 다양한 세계관을 모색하던 이 시기야말로 빛나는 과학적 사고가 탄생한 순간이었다. 그것은 오늘날 우

     과학하는 인간의 태도

리가 아는 세상에 관한 모든 지식의 출발점이었다.

중국 문명은 수 세기 동안 서양보다 여러 면에서 우월했다. 하지만 서구의 과학 혁명과 같은 일이 중국에서 일어나지는 않았다. 중국 문화에서 스승의 가르침은 비판이나 의문의 대상이 될 수 없었기 때문이다. 중국 철학은 질문과 대답이 아니라 확립된 지식을 심화하는 과정을 통해 발전했다. 그토록 찬란했던 중국 문명에서 지구가 둥글다는 인식조차 탄생하지 못한 채 예수회 선교사가 도착할 때까지 기다려야 했던 이유는 중국에 아낙시만드로스가 없었다는 것 외에 설명할 방법이 없다. 혹시 그런 사람이 존재했어도 중국 문화에서는 지도자의 명령에 따라 참수당했을 것이다.

7장

비밀의 지식을 얻은 대가

지금까지의 내용을 요약하면 인류의 과학적 사고는 주로 아낙시만드로스를 비롯한 밀레토스학파에 뿌리를 두고 있다는 것이다. 자연주의와 이론적 용어의 사용, 그리고 시간의 흐름에 따라 변화하는 현상의 이면에 자연법칙이 있다는 개념 등은 모두 밀레토스학파가 창안한 것이다. 무엇보다 그들은 지적 탐구 활동에 있어 선대의 업적을 존중하면서도 비판할 수 있다는 태도와 세상이 우리가 아는 것과 다를 수 있다는 일반 원리를 소개했다. 세상에 관한 이해를 넓히려면 기존의 세계관을 극적으로 바꿔야 한다는 생각은 밀레토스학파로부터 나왔다.

인류의 사상사에서 이런 중요한 단계가 어느 순간 갑자기 찾아왔다니 놀라운 일이다. 왜 하필 기원전 6세기였을까? 그리고 왜 하필 그리스 밀레토스였을까? 그 해답의 실마리는 의외로 쉽게 찾을 수 있다.

아낙시만드로스 시대보다 1,000년 앞선 기원전 16세

기에서 12세기 사이에 미케네, 아르고스, 티린스, 크노
소스 등을 중심으로 그리스 문명이 활짝 꽃피고 있었다.
《일리아스》가 펼쳐진 무대도 이 시기였다(그 이야기가 책
으로 집필된 시기는 훨씬 나중이다). 고대 그리스 역사에서
가장 화려한 문명을 누리던 전성기였다고 할 수 있다. 오
늘날에 와서는 이 시기를 '미케네 문명' 또는 '에게 문명'
이라고 부른다. 미케네는 현대 고고학이 발굴한 역사상
최초의 도시이지만 문명의 중심지는 아니었던 듯하다.
이 문명은 웅장한 궁전과 화려한 무덤, 아름다운 프레스
코화, 정교한 세공품 등을 유산으로 남겼다.

기원전 1450년부터 미케네는 1,000년이나 이어오던 고대 문명의 요람 크레타를 지배했다. 미케네의 지배력은 기원전 14세기부터 13세기까지 이어져 그리스인은 과거 크레타인이 지배하던 서지중해 지역에서 강자로 군림했다. 미케네는 로도스, 키프로스, 레스보스, 트로이, 밀레토스를 정복한 데 이어 멀리 페니키아와 비블로스, 팔레스타인까지 세력권을 확대했다. 미케네는 크레타를 정복하며 전통적 그리스어와 완전히 다른 선형문자 B라는 문자를 이어받았다.

1950년대에 해독된 선형문자 B는 미케네 사회를 이해하는 창을 열었다. 그동안 생각하던 것과는 달리 미케네 문명은 수 세기 후 등장하는 그리스 문명보다 메소포타미아에 훨씬 가까운 정치사회 구조를 갖추고 있었다.

미케네 사회는 왕과 귀족이 거주하는 궁정을 중심으로 이뤄져 있었다. 왕은 신의 세계와 인간 사회를 잇는 신적 존재로서 정치와 종교를 비롯한 주요 권력을 독점했다. 궁정은 정치, 경제, 종교, 행정, 군사의 중심지로서 사회의 부와 권력이 집중된 곳이었다. 국내에서 생산된 모든 자원부터 먼 곳에서 오는 교역품까지 모두 이곳으로 모여들었다. 미케네에서 생산된 황금 세공품은 머나먼 아일랜드까지 진출했다.

|그림 11| 기원전 13세기의 석판. 선형문자 B가 표시되어 있다. 석판에는 양털 주문에 관한 정보가 담겨 있다. 아테네 국립고고학박물관 소장.

궁정에는 체계적 행정 기구가 갖춰져 있었고, 그 바탕에는 전문 서기관이 사용하는 문자가 핵심 역할을 담당했다. 그들은 농작물 생산, 목축, 교역, 상품, 사적 노예와 공적 노예, 개인과 집단에 부과되는 각종 세금, 지역별 군납 대상자 명단 등 모든 것을 기록으로 관리했다. 따라서 개인의 재량권은 거의 인정되지 않았고, 모든 거래는 궁정을 중심으로 이뤄졌다. 이런 구조는 메소포타미아 문명의 정치사회 구조와 일치했다.

미케네는 기원전 1000년경에 무너졌다. 정확한 이유는 알 수 없으나 도리아인의 침략 때문이라는 것이 정설이다. 이후 수 세기 동안을 그리스의 중세로 보지만 오늘날 남아 있는 자료는 거의 없다. 이 시기에 해당하는 유적이나 수공예품, 심지어 문헌도 전혀 없다. 교역도 중단되어 생활 수준이 크게 퇴보했던 것 같다. 이 시기의 경제적·사회적 어려움으로 인해 그리스인은 소아시아, 흑해 연안, 이탈리아 및 기타 지역으로 진출해 식민지를 설립했을 가능성도 있다.

그리스가 암흑기에서 벗어난 것은 아낙시만드로스보다 2세기 앞선 기원전 8세기와 7세기 사이였다. 미케네 왕국의 멸망으로 중단되었던 페니키아와의 무역이 재개되며 그리스 세계와 동방이 다시 연결되었다. 그리스는 활기를 회복하고 인구가 증가하며 번영을 누리기 시작했다. 식량 작물이 전부였던 농업도 올리브와 포도 등 상업 작물로 범위를 넓혔다. 식민지를 바탕으로 무역이 활발해지며 빠르게 부가 늘어갔다. 이 시대에 이르러 고고학 유물이 급증한 것도 이런 배경 때문이다. 고고학 문헌도 다시 등장했지만, 이 시대의 문자는 더 이상 미케네의 선형문자 B가 아니라 페니키아·문자를 바탕으로 한 완전히 새로운 문자였다.

✢ ✢

무역이 회복되며 그리스인은 오랫동안 지중해 무역의 주역이었던 페니키아인과 활발하게 교류했다. 그 덕분에 그리스인은 페니키아 문자를 받아들여 기존의 문자에 맞게 고쳐 사용했다. 그리스 문자가 이 시기에 이룩한 변화와 발전은 아무리 강조해도 지나치지 않다.

그리스 문자와 페니키아 문자는 비슷해 보이지만 같지 않다. 둘 다 약 30개의 문자로 구성되어 있으나 쓰임새는 완전히 다르다. 페니키아 문자는 자음으로만 이뤄져 있다. 예컨대 바로 앞 문장을 페니키아 문자 식으로 표기하면 이렇게 보일 것이다. 'ㅍㄴㅋ ㅁㄴㅈㄴㄴ ㅈㅁ ㄹㅁㄴ ㄹㅈ ㅆㄷ.'

이런 문자를 읽기 위해서는 말할 내용을 머릿속에 이미 뚜렷하게 떠올린 후 자음 집단을 각각의 단어로 인식할 수 있어야 한다. 이런 문자 체계는 회계나 거래 장부 같은 특정 분야에는 효과적이지만 다른 영역에서는 널리 활용될 수 없다.

자음문자가 발달한 이유는 명확하지 않으나 수 세기에 걸쳐 사용되던 이전 시대의 문자에 비하면 엄청난 발전이었다. 예컨대 기원전 4세기부터 메소포타미아 지역에서 사용되던 쐐기문자, 그 후 이집트에서 등장한 상형문자, 그리고 미케네의 선형문자 B 등이다.

쐐기문자와 상형문자는 음운 요소가 일부 있기는 하지만 수백 가지 기호로 구성된다. 이런 문자로 글을 쓰거나 그것을 해독하려면 단어의 형식을 미리 알아야 한다. 이를 익히는 데는 오랜 시간이 필요하다. 따라서 글쓰기는 수천 년 동안 전문 서기관의 영역으로 남아 있었다. 고대의 왕과 귀족은 글을 읽고 쓰는 법을 몰랐다.✝

페니키아 문자는 자음으로만 구성되어 표기가 매우 단순하다. 그래서 효율성과 유연성이 중요한 상인들의 필요를 충족할 수 있었던 듯하다. 기존 문자였다면 수백 가지 기호가 필요한 문장을 약 30개의 문자로 작성할 수 있었다. 자음만으로 단어를 구성할 수 있으므로 매우 효율적이고 체계적이었다. 그러나 이런 표기법을 배우는 데는 매우 전문적인 지식과 오랜 수련이 필요했다. 그래서 글을 아는 사람은 여전히 소수에 불과했다.

그리스인은 아낙시만드로스가 태어나기 1세기 전인

✝ 함무라비는 중요한 예외다. 그가 쓴 글이라고 전하는 문헌은 모두 필체가 같아 그렇게 추정할 수 있었다. 수천 년 후의 세대인 카롤루스 대제조차 읽고 쓰는 법을 몰랐다.

　　　　과학하는 인간의 태도

기원전 750년경에 페니키아 문자를 받아들였다. 그러나 그 과정에서 중요한 문제가 하나 있음을 깨달았다. 인도유럽어가 음성학적으로 셈족 언어보다 단순하다는 사실이었다. 그리스어는 페니키아어에 비해 자음의 수가 적다. 이것은 오늘날에도 인도유럽어인 영어가 후두음이 많은 셈족 언어인 아랍어보다 자음이 적은 것과 마찬가지다. 따라서 페니키아 문자 중 α, ε, ι, ο, υ, ω 등은 그리스어에 없는 자음이므로 그리스인이 쓸 수 없었다.

어떤 그리스인이 한 가지 아이디어를 떠올렸다. 이런 글자를 모음으로 사용하자는 것이었다. 그러면 자음 하나에 다양한 모음을 붙여 ba, be, bi, bo 등으로 쓰듯이 페니키아 문자 β에 다른 문자(그리스어에 없는 자음)를 붙여 βα, βε, βι, βο 등으로 표기할 수 있었다. 이것은 언뜻 사소한 생각 같지만 세상을 바꾼 혁명이었다.

역사상 최초로 완전한 표음문자가 탄생한 사건이었다. 과거 고도의 전문 영역이었던 문자 사용이 오늘날에 이르러 거의 아이들의 놀이 정도로 쉬운 일이 되었다. 표음문자를 사용하면 각 음절을 주의 깊게 듣고 자음과 모음을 구분하는 법만 익히면 된다. 글을 읽을 때도 예컨대 'ㅂ''ㅏ'를 순서대로 조합해 '바'라고 발음하듯이 차근차근 철자하며 독해하면 된다. 처음 보는 단어도 우선 발음하며 소리로 인식할 수 있게 되었다. 인간의 목소리를 복제해서 보존하는 기술이 처음으로 탄생했다.

이토록 쉬운 문자 혁명이 왜 그리스 시대에 와서야 가능했을까? 그전까지 4,000년이나 문자를 사용해온 사람들이 왜 이런 생각을 못 했을까? 표음문자가 더 좋은 방법이라는 사실은 너무나 명백하지 않은가?

이 질문에 대답할 근거는 어디에도 없지만 대략 추측할 수는 있다. 표음문자가 그토록 합리적이라면 프랑스, 영국, 미국, 중국 등에서는 왜 아직도 표음문자의 원칙과 어긋나는 표기법을 사용할까? 예컨대 프랑스어에서 물을 뜻하는 단어 'eau'는 표기와 달리 'o'로 발음된다. 중국과 일본은 각각 병음✟과 가나 문자[1]를 도입해놓고도 음운 요소가 거의 없는 기존의 문자 체계, 즉 한자를 주로 사용한다. 인류는 합리적 대안이 나타났다고 해서 기존에 익숙한 습관을 쉽게 버리지는 못하는 듯하다. 합리적 방안은 어쩌면 문자가 아예 없던 민족이 오히려 더 쉽게 받아들일지도 모른다.

✟ 표준 중국어 발음을 로마자로 표기한 발음부호.

1 일본어에서 발음을 표기하기 위해 사용하는 음절문자로, 히라가나와 가타카나가 있다.

혹은 그리스인들이 500년 전에는 문자를 사용했지만 그동안 잊고 있다가 다시 기억을 떠올린 것인지도 모른다. 그들은 이웃 민족의 낯설고 신기한 문자 체계가 가진 우수성을 어떠한 편견도 없이 받아들였을 것이다.

그리스의 똑똑한 상인이나 정치인이라면《일리아스》의 무대였던 고대 유적을 방문하며 기원전 7세기 이전 미케네 문명이 남긴 문자를 봤을 수도 있다. 그들은 찬란했던 고대의 조상이 문자를 사용했다는 사실을 알았을 것이다. 그리고 마침내 페니키아의 서기관들과 만나면서 새로운 문자의 유용성과 이점을 알아보지만, 그것을 고스란히 받아들여야겠다는 생각은 하지 않는다.

페니키아 문자가 그리스 문자에 통합된 과정은 너무 합리적이고 정교해 우연보다 의도에 의한 결과로 보인다. 자연의 진화가 예외와 부조화 없이 일어나는 경우는 드물다. 나는 그리스인들이 페니키아 문자를 연구한 뒤 책상에 둘러앉아 토의하며 그리스 문자의 규칙들을 결정했을 수도 있다고 생각한다. 내가 아는 한 완벽한 표음문자는 인공 언어인 에스페란토[2]뿐이다. 고대 아테네에

---

2 1887년 폴란드 언어학자 자멘호프가 공표한 국제보조어. 주로 인도유럽어에 속한 여러 언어에 기초를 두고 고안되었다.

서도 문자 사용을 관장하는 법률을 제정한 일이 있었다.

어찌 되었든 기원전 7세기 중반에 시작한 그리스 문명 초기에 진정한 표음문자가 사용된 것은 틀림없다. 고대 사회에서 문자는 서기관의 전유물이었고, 문자 관련 지식은 엄격한 비밀에 부쳐졌다. 니네베 유적에서 출토된 쐐기문자판에는 비밀의 지식에 관한 내용이 담겨 있다.

> 하늘의 석판에 담긴 신의 비밀은 누구에게도 알려줄 수 없다! 그것은 신의 사랑을 받는 아들에게만 허락된 지식이다.
> 바빌론이나 보르시파의 서기관 또는 다른 어떤 학자에게도 이 내용을 누설하는 것은 나부*Nabu*와 니사바*Nisaba* 신(문자의 신들)을 모독하는 행동이다.
> 나부와 니사바 신은 그를 선생으로 인정하지 않는다. 신은 그를 가난과 곤경에 처할 것이며 병들어 죽게 할 것이다!

그렇다면 서기관들은 왜 신의 벌을 받을 줄 알면서도 지식을 퍼뜨리고 문자를 쉽게 만들려고 할까? 왕들은 왜 문자를 백성에게 반포할까? 그러면 그리스의 왕들처럼 쫓겨나고 말 텐데?

 과학하는 인간의 태도

그 이후로도 수 세기 동안 비밀의 지식이라는 개념이 그리스 세계에서 사라진 것은 아니었다. 피타고라스학파와 이후 알렉산드리아의 학문 기관에서도 주로 군사적 이유로 그런 관행이 남아 있었다. 예컨대 마르세유는 고대 사회에서도 군사 기밀이 많았던 것으로 유명하다. 오늘날 미국 국방부가 과학 연구를 철저히 비밀에 부치는 관행도 이런 전통을 계승한 것으로 볼 수 있다. 그러나 서기관도, 강력한 왕도, 궁정도, 거대 성직자 계급도 없던 그리스에서는 비밀에 부치기는커녕 모든 사람에게 기꺼이 공개하는 새로운 지식이 탄생했다.

쐐기문자판과 그것을 계승한 오늘날 미국 국방부의 비밀주의, 그리고 아낙시만드로스의 개방성 사이에는 엄청난 거리가 있다. 후자는 자신의 지식을 모든 사람이 읽을 수 있게 책으로 엮어 과학 발전의 초석을 닦았다.

그 덕분에 아낙시만드로스가 탈레스에게 그랬듯이 누구나 그 지식을 습득하고 그를 비판할 수 있었다.

기원전 7세기부터 6세기 사이에 그리스에서 역사상 처음으로 누구나 사용할 수 있는 문자가 탄생했다. 이제 지식은 극소수 서기관 집단의 전유물에서 벗어나 지배 계층 전체의 자산으로 확대되었다. 곧이어 사포, 소포클레스, 플라톤 등이 불멸의 작품을 남길 수 있었던 것도 이런 배경이 있었기 때문이다.

오 여러분, 인생은 짧다오!
우리가 살아남는다면 그 이유는 왕을 짓밟기 위함이오.
— 셰익스피어, 《헨리 4세》

중세에서 벗어나던 무렵의 그리스는 미케네와 전혀 다른 새로운 문명을 이룩했다. 왕은 더 이상 신적 존재가 아니었다. 경제적·문화적으로 재탄생한 기원전 7세기의 그리스에서는 중앙집중적 권력이나 제도화된 종교, 교회나 강력한 성직자 계급, 비밀의 지식을 독점하는 서기관, 신성한 문헌 등이 모두 사라졌다.

　　　과학하는 인간의 태도

최초로 등장한 폴리스, 즉 도시국가는 원래 독자적인 의사 결정권을 보유한 자치단체였다. 이런 결정은 주로 시민들의 자유로운 토론과 직접 참여를 통해 이뤄졌다. 폴리스의 정치적 구조는 다양하고 복잡했다. 군주제가 추방된 후 귀족정치, 전제정치, 민주정치, 정당정치 등이 들어섰다. 이후 헌법이 제정되고 한차례 개정되기도 했다. '공공의 것'을 어떻게 관리하면 좋을지 수많은 논의와 실험이 반복되었다. 폴리스는 문자를 익힌 시민들이 권력 분배와 의사 결정권을 두고 끊임없는 토론을 이어가던 곳이었다. 민주주의를 확립하는 과정이 비로소 시작된 것이다.

신적 존재였던 왕의 권력이 시민의 손에 넘어가며 권력뿐만 아니라 지식도 신의 영역에서 대중과 세속의 영역으로 내려앉았다. 아낙시만드로스가 추구한 우주의 법칙은 폴리스 시민이 공공의 질서를 위해 수립한 법과 유사했다. 둘 다 신성한 법칙과 무관했고, 무조건적 복종이 아니라 끊임없는 논의의 대상이었다.

바빌론의 창조 설화《에누마 엘리시》에서 헤시오도스의《신들의 계보》에 이르기까지, 고대의 우주론은 마르두크 신이나 제우스 신 같은 유일신이 우주의 질서를 확립하고 유지한다고 봤다. 그들은 오랜 전투와 혼란 끝에

승리를 거둠으로써 하늘과 땅에 질서를 세우고 도덕률을 확립한다. 《신들의 계보》는 창조주 제우스 신의 영광을 찬송하는 노래다. 고대 문명은 이런 정신적 바탕 위에 주권자를 중심으로 조직되고 운영되는 사회였다.

그리스의 도시들은 왕을 추방한 후 고도로 문명화된 사회에는 왕이나 신이 필요 없으며, 오히려 왕이 없을 때 더욱 번영한다는 것을 깨달았다. 그리고 이 순간, 인간은 창조주와 그 권위에 기댄 법의 굴레를 벗어던진다. 그들은 세상을 이해하고 질서를 수립하는 다른 길을 개척하기 시작했다.

민주정체를 고민한다는 것은 곧 최선의 의사 결정이 한 사람의 권력이 아니라 다수의 토론으로 이뤄진다는 개념을 받아들인다는 뜻이다. 대중의 비판적 사고로부터 최고의 방책이 나오며 그 과정이 합리적 토론을 통해 이뤄질 수 있다는 믿음이다. 이것이 바로 과학적 지식 탐구의 바탕이 되는 가설이다.

따라서 과학과 민주주의는 같은 뿌리에서 자라난 열매다. 동등한 사람들끼리 비판하고 대화하는 일이 가능하고 또 중요하다는 깨달음이다. 아낙시만드로스가 스승인 탈레스를 비판한 행동은 당시 밀레토스의 아고라[3]에서 흔히 행해지던 관행을 지식 탐구 분야에서 실천한

　　　과학하는 인간의 태도

것일 뿐이었다. 당시 아고라에서는 신이나 왕의 명이라고 맹목적으로 복종하지 않고 거침없이 비판하는 풍토가 조성되어 있었다. 그것은 신이나 왕을 존중하지 않아서가 아니라 더 좋은 의견이 언제든 나올 수 있다는 신념을 공유했기에 가능한 일이었다.

왕과 성직자 계급의 구체제가 무너지고 새로운 공간이 열리면서 새로운 문화가 탄생했다. 인류는 주권자의 절대 권력과 성직자 계급의 오랜 가르침을 불신하는 법을 배웠다. 사회구조와 인류의 지식 탐구라는 두 분야에서 모두 심오한 변화가 시작되었다.

그리스인은 그들의 영광스러운 과거를 노래한 호메로스의 시에서 문화적 정체성을 찾았다. 그러나 호메로스가 노래한 신은 믿음직하거나 위엄이 있는 존재가 아니었다. 심지어 어떤 비평가는 "《일리아스》야말로 가장 비종교적인 시"라고 말하기도 했다. 강력한 중심도, 전능한 신도 없는 세상에서 새로운 사고의 공간이 열렸다.

새로운 정치사회 구조와 과학적 사고의 탄생이 서로 관계가 있다는 것은 분명하다. 둘 사이의 공통점은 다음

---

3   고대 그리스 도시국가에서 시민들의 일상생활이 이뤄지던 공공의 광장으로, 주로 경제와 예술 활동이 이뤄졌다.

과 같다. 우선 세속화를 들 수 있다. 고대의 법은 그들 자신의 사고와 마찬가지로 반드시 최선은 아니라는 개념이다. 가장 바람직한 결정이 군주의 권위나 전통에 대한 존중이 아니라 다수의 토론에서 나올 수도 있다는 생각이다. 어떤 생각도 공개적 비판을 통해 최선의 결정을 내리는 데 도움이 된다는 생각이다. 다음으로 토론을 통해 결론을 합의할 수 있다는 생각을 들 수 있다. 이런 견해는 고대 그리스와 현대 정치의 근본이자 과학적 세계관이 탄생하는 바탕이 되었다.

어떤 의미에서 이것은 과학적 방법론을 발견한 사건이었다. 누군가 최초의 개념, 즉 설명을 제안하면 곧 진지한 성찰과 비판이 뒤따른다. 누군가 다른 개념을 제안하고 둘 사이에 비교가 이뤄진다. 놀라운 점은 두 견해가 합의를 통해 하나의 결론으로 모일 수 있다는 것이다. 이런 방식으로 사람들은 다수가 공유하는 확신에 이를 수 있고, 더욱 효과적인 결정을 내릴 수 있다.

이런 깨달음은 지식 분야에서 자유로운 비판과 질문을 허용했고, 누구에게나 토론에 참여할 권리를 부여했다. 그리고 모든 제안을 진지하게 받아들이더라도 결론 없는 불협화음으로 끝나는 것이 아니라, 오히려 취약한 가설을 제거하고 최고의 개념을 선별할 수 있다는 확신

 과학하는 인간의 태도

을 낳았다.

그러나 이런 확신이 오래가지는 못했다. 수 세기 후 로마 제국은 다시 한번 절대 권력을 한 사람의 통치자에게 돌려줬고, 기독교는 지식을 신의 손에 넘겨줬다. 황제와 교회가 결탁함으로써 신정정치가 다시 시작되었다.

그러나 이 시기에도 세계의 나머지 지역에서는 신정정치와 종교적 사고에서 자유로운 삶이 존재했다. 아낙시만드로스 시대에 밀레토스는 독자성을 유지한 채 이오니아의 다른 도시들과 동맹을 맺고 있었다. 이 동맹은 어느 한 도시가 다른 도시에 우위를 점한 것이 아니라 공동의 관심사를 토론하고 함께 이익을 추구하는 연합체였다.

이오니아 동맹이 모여 토론한 장소는 세계 최초의 의회였다고 볼 수도 있다. 군주의 신적 권위가 인간의 의회로 대체되던 이때, 그들은 주변 세계를 살펴보고 신화와 종교의 사고에서 벗어나 세상의 실체를 깨닫기 시작했다. 지구는 거대한 원반이 아니라 허공에 떠 있는 돌이었다. 지구가 떠 있듯이 인류의 지성도 속박에서 벗어나 자유롭게 날기 시작했다.

❖ ❖

　기원전 6세기 밀레토스는 부유하고 번영하는 도시였다. 하지만 오직 그곳만 번영을 누린 것은 아니었다. 그런데 왜 밀레토스에서 이런 일이 일어났을까? 이 질문에 한마디로 대답할 수는 없겠지만 즉각 떠오르는 실마리는 분명히 존재한다.

　밀레토스는 그리스에서 중동의 왕국들과 가장 가까운 전초기지였다. 무엇보다 이곳은 금속 주화를 최초로 사용할 정도로 경제가 발달했던 리디아 왕국과 긴밀한 관계를 맺고 있었다. 밀레토스는 메소포타미아 내부 지역과도 교역을 유지했고, 이집트에 설치한 상업항을 통해 멀리 흑해 지역까지 식민지를 운영했다. 지중해 서부로 펼쳐진 이오니아 식민지의 범위는 마르세유를 훨씬 넘어설 정도였다. 밀레토스는 그리스 도시 중에서 나머지 세계, 특히 고대 제국으로부터 1,000년을 이어온 문화에 가장 개방적인 곳이었다.

　문명은 융합을 통해 번성하고 고립될 때 쇠퇴한다. 위대한 문명이 서로 만날 때는 항상 새로운 문화가 싹튼다. 이탈리아의 르네상스는 아랍 세계의 지식이 유럽에 도착하며 촉발되었다. 알렉산드리아 과학의 위대한 시대는 알렉산드로스 대왕의 원정으로 그리스가 바빌론과 이집트의 문화를 만나며 시작되었다. 로마의 시詩가 꽃 핀 시기는 다름 아닌 민족 문화의 순수성을 지키려 했던 사람들의 야유에도 불구하고 로마가 그리스 문명을 받아들였을 때다. 오늘날에도 문화의 순수성을 내세우며 다른 문화를 두려워하는 이들은 어김없이 가장 어리석은 사람들이다.

아낙시만드로스보다 약 4,000년 앞선 문명의 요람 수메르에서 문자가 태어난 것은 아마도 수메르인과 아카드인이 만났기 때문일 것이다. 지금까지 그 흔적이 남아 있는 최초의 문자는 수메르어와 아카드어 두 가지뿐이다. 현존하는 가장 오래된 쐐기문자판에는 수메르어—아카드어 사전이 기록되어 있다. 문화가 융합해 더욱 풍성해지는 사례는 그 밖에도 무수히 많다.

이 모든 사실을 생각하면 그리스 폴리스의 정치 구조가 정말 새로운 것이었음을 알 수 있다. 인도유럽계를 비롯한 여러 유목 민족은 신적 절대군주가 다스리는 중앙집권제를 유지하지 않았다. 그리스에 폴리스가 형성되기 전에도 자유민의 공동통치 구조는 존재했을 것이다. 이런 정치 구조는 수 세기 후 로마의 역사가 타키투스가 기술한 게르만족의 모습에서도 확인할 수 있다. 따라서 자유민의 공동통치 체제가 그리스에서 시작되었다고 보기는 어렵다.

그리스 폴리스에서 새로운 것은 이런 공동통치 구조가 신정정치 체제에 축적되어 있던 풍요로운 지중해 문화와 만났다는 점이다. 이 만남으로 그리스 도시들은 문자와 천문 관측 기술, 기초 수학, 거대 사원 건축 등을 배웠다. 유목 전투 부족에 불과했던 그들은 이 만남을 통해 훨씬 넓은 세계를 바라보는 관점을 습득했다.

밀레토스는 떠오르는 그리스 문명과 고대 중동의 지식이 만난 곳이다. 탈레스는 바빌론을 거쳐 이집트에 도착한 후 피라미드의 높이를 측정했다고 한다. 그리스의 새로운 기하학과 이집트의 고대 전통이 만나는 것보다 상징적인 이미지가 있을까? 헤로도토스에 따르면 솔론이 여행을 떠난 것은 오직 호기심 때문이었다고 한다. 고대 문헌에 아낙시만드로스의 여행에 관한 기록은 스파르타와 흑해의 아폴로니아 두 곳밖에 남아 있지 않다. 그러나 그의 사상에는 외국의 영향을 받은 흔적이 역력하며, 오늘날에는 페르시아의 영향까지 받았다고 주장하는 학자도 있다.

아낙시만드로스보다 2세기 후에 활동한 플라톤도 이집트 여행을 언급한다. 아울러 그의 기록에 따르면 아낙

 과학하는 인간의 태도

시만드로스와 솔론의 시대에 몇몇 그리스인이 새로운 지식을 찾아 이집트로 가서 성직자와 대화를 나눴다고 한다. 밀레토스의 거대한 문화 혁명은 지중해 문화의 풍부한 지식과 인도유럽계 문명에 속하는 신생 그리스의 정치 문화가 융합하며 일어났다.

헤로도토스는 인류 역사의 이 마법 같은 순간을 글로 기록했다. 그는 이집트 여행에서 경험한 일을 이야기하며 그것이 앞선 세대의 역사가 헤카타이오스가 겪었던 일과 비슷하다고 말했다.

과거 역사가 헤카타이오스는 이집트의 테베를 방문해 자신의 16대 선조가 신이었다고 자랑했다. 그런데 오늘날 그곳 성직자들도 나에게 그와 같은 행동을 보여줬다(물론 내가 집안의 혈통을 자랑한 것은 아니다). 그들은 성전 내부의 커다란 성소로 나를 안내해 거대한 목상을 보여줬다. 그들은 목상의 수를 모두 세어 그전에 나에게 알려준 것과 일치함을 확인시켜줬다. 대제사장은 생전에 그 장소에 자신의 목상을 세워두는 관습이 있었다고 한다.

성직자들은 목상의 이름을 일일이 거명하며 대제사장이 대대로 관습을 지켰음을 보여줬다. 그들은 최근에 세상을 뜬 대제사장부터 거슬러 올라가며 모든 목상을 확인했다. 헤카타이오스는 자신의 16대 선조가 신이었다고 주장했지만, 성직자들은 목상의 수를 세어본 결과 모두 345명이라는 점을 들어 그의 주장을 부인했다. 그들은 신의 16대 후손이 사람으로 태어났다는 말을 믿을 수 없었다. 아니, 아예 신의 후손이 인간이 될 수 있다는 것 자체를 믿지 않았다. 그곳에 서 있는 모든 목상은 훌륭한 인물일 수는 있어도 결코 신은 아니었다.

헤로도토스가 그의 경험을 이토록 자세하게 서술한 것은 고대 이집트 전통과의 조우가 그리스 문화에 깊은 영향을 미쳤음을 보여준다. 헤카타이오스는 그 시대 그리스인의 보편적 믿음에 따라 세상의 역사가 20세대에 못 미친다고 생각하며 자신이 신의 후손이라고 자랑했다.

그러나 이집트의 성직자들은 그를 고대 사원으로 데려가 인류 문명의 역사가 적어도 345세대에 달한다는 것을 보여줬다. 그 순간 그리스의 짧은 역사는 웃음거리가 되고 말았다. 헤카타이오스와 헤로도토스가 이런 일을 겪었다면, 탈레스와 아낙시만드로스를 비롯해 이집트를 방문한 다른 그리스인들도 마찬가지였을 것이다.

1922년, 캐나다 출신의 미국 역사학자 제임스 샷웰 *James Shotwell*은 이런 그리스와 이집트의 만남에 관해 다음과 같이 유려하게 서술했다.

이런 만남들 가운데, 우리는 그리스의 비판적·과학적 사유가 깨어난 결정적 순간을 짐작할 수 있을지도 모른다. 그것을 정확한 연대로 특정하기는 어렵다. 다만 테베의 거대한 성전 깊숙한 곳, 어둑한 밀실에서 그런 각성이 이뤄졌을 가능성이 있다. 여기서 우리는 한 가지를 명심해야 한다. 그날 교훈을 얻은 쪽은 이집트의 현명한 성직자가 아니라 그곳을 찾아온 그리스인이었다. (…) 어쩌면 바로 그 지점에서 그리스의 비판적 사유가 서구 세계에 모습을 드러냈는지도 모른다. 그곳에서 태어난 자유롭고 용기 있는 탐구 정신은 훗날 그리스의 정신으로 발전했다.

샷웰은 역사학의 탄생에 관해 말한 것이겠지만, 그 내용은 서구의 과학적 사고방식과도 대체로 일치한다.

마치 스탠리 큐브릭 감독의 영화 〈2001 스페이스 오디세이〉에서 유인원들이 거대한 돌기둥 앞에 섰던 장면처럼, 당시 그리스인은 이집트의 목상 앞에서 자신의 자랑스러운 세계관이 단번에 무너지는 것을 경험했다. 그리고 모두가 믿고 있던 집단적 신념조차 의심의 대상이 될 수 있음을 깨달았을 것이다. 우리의 마음이 열리고 기존 관념의 한계가 눈에 보일 때는 바로 다른 사람, 다른 문화, 다른 생각과 만나는 순간이다.

이 모든 교훈은 오늘날 우리에게도 고스란히 경고로 작용한다. 국가와 집단, 대륙, 종교 등 스스로의 정체성에 도취해 내적 사고방식을 벗어나지 못할 때, 우리는 오히려 자신의 한계를 드러내고 어리석음을 자랑할 뿐이다. 우리는 다양한 문화에 마음을 열고 차이점을 진지하게 생각할 때마다 인류의 풍요로움과 높은 지성을 향해 차근차근 나아갈 수 있다. 최근 일부 서구 국가에 새로 등장한 국가정체성부는 사실 '국가둔감성부'에 지나지 않는다.

 과학하는 인간의 태도

8장

과학이란 무엇인가

나는 과학이 탄생한 시점은 코페르니쿠스 혁명도, 헬레니즘 철학도 아니라 하와가 사과를 따는 순간이라고 본다. 과학의 본질은 지식에 대한 욕구라는 인간의 본성이다.

– 프란체스카 비도토 *Francesca Vidotto*[1]

과학은 아낙시만드로스에서 시작되었을까? 이 질문이 올바른지부터 살펴야 한다. 과학이란 아주 일반적인 용어이므로 먼저 범위를 좁혀야 한다. 과학을 어떻게 정의하는지에 따라 대답은 뉴턴, 갈릴레오, 아르키메데스, 히파르코스, 히포크라테스, 피타고라스, 아낙시만드로스 등 누구도 될 수 있다. 아니면 바빌론의 무명 천문학자나 자신이 아는 것을 새끼에게 가르쳐준 최초의 영장류, 또

---

1   이탈리아의 이론물리학자.

는 위에 소개한 글처럼 하와라고 답할 수도 있다. 역사적으로든 상징적으로든 이런 순간에 인류는 지식 발전에 필요한 중요한 도구를 새롭게 얻었다.

과학을 체계적 실험을 통한 연구 활동으로 정의한다면 갈릴레오에서 시작되었다고 할 수 있다. 일련의 관찰을 정리하고, 정확하게 예측할 수 있는 이론적·수학적 모델이 과학이라면 히파르코스와 프톨레마이오스의 천문학이 될 것이다. 이런 식으로 과학의 범위는 얼마든지 넓어질 수 있다.

내가 아낙시만드로스를 통해 강조하려는 것은 '시작점'이다. 인류의 지적 여정 중 특정한 순간에 주의를 모으는 것이다. 이런 작업은 과학의 몇 가지 특징을 조명한다. 또한 이는 지식 탐구란 무엇이며 그것이 어떤 방식으로 작동하는지 암묵적으로 성찰하는 작업이기도 하다.

과학적 사고란 무엇일까? 그 한계와 강점은 무엇일까? 과학적 사고를 통해 무엇을 배울 수 있을까? 과학적 사고의 특징은 무엇이며 다른 지식과 어떻게 다를까? 지금까지 아낙시만드로스에 대해 살펴본 내용은 모두 이런 질문에 관한 대답이었다. 아낙시만드로스가 과학적 사고의 길을 연 방법을 돌아보며 과학의 특정 측면을 조명했다. 이제 그런 관찰 결과를 더 분명히 설명할 차례다.

　　　　과학하는 인간의 태도

무너진 뉴턴의 세계

20세기에 들어와 과학적 지식의 본질을 둘러싼 논의가 활발하게 일어났다. 카르나프, 바슐라르, 포퍼, 쿤, 파이어아벤트, 라카토스, 콰인, 반프라센 등 과학철학자들의 논쟁은 '과학적 활동이란 무엇인가?'에 관해 이해를 넓혔다. 이런 성찰은 20세기 초 뉴턴 물리학의 붕괴라는 예상치 못한 충격에 반응한 측면이 있다.

19세기에는 뉴턴이 역사상 가장 위대한 천재일 뿐만 아니라 가장 운이 좋은 사람이었다는 농담이 있었다. 단 하나만 존재하던 자연법칙을 그가 발견했기 때문이다. 현대인의 관점에서 보면 당시 생각이 가소로워 보일 수도 있다. 한번 정설로 인정된 과학 이론이 영원히 변하지 않는 절대적 진리라는 생각은 19세기 인식론의 심각한 오류를 드러내기 때문이다.

20세기에 접어들어 이런 안이한 착각은 말끔히 사라졌다. 정밀한 실험이 가능해지자 뉴턴의 이론에도 오류가 있음이 드러났다. 예를 들어 수성은 뉴턴의 법칙을 따라 움직이지 않는다. 아인슈타인과 하이젠베르크 등의 과학자는 그것을 대체하는 새로운 법칙을 발견했다. 그들이 발견한 일반상대성이론과 양자역학은 뉴턴의 법칙으로 설명할 수 없는 수성의 궤도나 원자 내부의 전자

운동을 설명할 수 있었다.

이제 절대로 바뀌지 않는 결정적인 과학 법칙이라는 개념은 사라졌다. 아인슈타인과 하이젠베르크가 발견한 법칙도 언젠가 한계에 다다르고 더 나은 법칙이 그 자리를 차지할 것이다.✝ 사실 그들의 이론은 이미 한계를 드러내고 있다. 아인슈타인과 하이젠베르크의 이론 사이에도 미묘하게 어긋나는 점이 있어 우주의 최종적이고 결정적인 법칙을 확인했다고 단언할 수 없다. 연구는 계속되어야 한다. 이론물리학자인 내가 하는 일이 이 두 가지 이론을 통합하는 원리를 찾아내는 것이다.

여기서 우리는 아인슈타인과 하이젠베르크의 이론이 뉴턴의 이론을 사소하게 수정한 것이 아니라는 점에 주목해야 한다. 그들의 이론은 방정식을 조금 고치고, 몇몇 정리와 공식을 더하거나 바꾼 정도가 아니다. 기존의 세계관을 완전히 바꿔놓았다. 뉴턴이 그린 세상의 모습은 광활한 공간에 미세한 입자가 떠다니는 곳이었다. 아인슈타인은 그런 공간이 폭풍우가 휘몰아치는 바다와 같

✝ 안타깝게도 오늘날까지 '최종 이론' 또는 '모든 것의 이론'(중력, 전자기력, 강력, 약력 자연계의 네 가지 기본 힘을 하나로 통합하는 가상의 이론)이 가능하거나 심지어 이미 존재한다고 믿는 과학자들이 있다.

　　　　　　과학하는 인간의 태도

다고 제안했다. 그 공간은 접히거나 휠 수 있고, 심지어 (블랙홀이라면) 산산조각이 날 수도 있다. 과거에는 누구도 상상하지 못했던 관점이다.✢ 하이젠베르크는 뉴턴이 말한 입자는 사실 입자와 파동이 합쳐진 것으로, 패러데이의 역선을 따라 움직이는 기괴한 변종이라고 말했다. 요컨대 20세기에 발견된 세상은 뉴턴의 상상과 전혀 다른 모습이었다.

이런 발견은 과학이 인간의 인식에 미치는 영향력을 확인시켜줬다. 뉴턴과 맥스웰 시대의 이론이 그랬듯이 이런 발견이 불러온 놀라운 신기술의 등장은 인간 사회를 다시 한번 완전히 뒤흔들었다. 패러데이와 맥스웰의 통찰은 무선통신 기술로 이어졌다. 아인슈타인과 하이젠베르크의 이론은 컴퓨터와 정보 기술, 원자력 에너지 및 기타 수많은 기술을 통해 인류의 삶을 바꿔놓았다.

그러나 한편으로 이런 사실은 뉴턴의 세계관이 틀렸다는 것을 보여준다. 뉴턴 이후 인류는 물리 세계의 기본

✢　독일의 수학자이자 물리학자 가우스는 19세기에 이미 물리 공간이 휘어져 있을 가능성을 진지하게 탐구했다. 그는 탐험대를 꾸려 3개의 산꼭대기가 만드는 거대한 삼각형의 각도를 측정하려 했다(휘어진 공간에서는 평면과 달리 삼각형 내각의 합이 2π가 아니다). 가우스는 자신의 계획이 조롱의 대상이 되지 않도록 철저히 비밀에 부쳤다. 이 일화가 사실이든 아니든, 아인슈타인보다 1세기만 앞서도 그런 생각이 얼마나 터무니없이 여겨졌는지 알 수 있다.

구조와 기능이 모두 밝혀졌다고 생각했지만, 그것은 착각이었다. 아인슈타인과 하이젠베르크의 이론도 언젠가 틀린 것으로 판명될 가능성이 크다. 이는 과학이 아무리 발전해도 우리는 영원히 진실에 도달할 수 없다는 뜻일까? 세상에 관해 우리는 무엇을 알고 있을까? 과학은 우리에게 무엇을 알려줄 수 있을까?

우리는 왜 과학을 믿는가

과학은 비록 확고한 예측을 할 수 없더라도 여전히 신뢰의 대상이 될 수 있다. 아인슈타인의 이론이 나온 후에도 뉴턴의 이론은 여전히 가치가 있다. 다리에 부는 바람의 세기를 계산할 때는 아인슈타인뿐만 아니라 뉴턴의 이론도 여전히 유용하다. 튼튼한 다리를 건설하는 것과 같은 실용적 문제에서는 굳이 일반상대성이론까지 갈 필요가 없다. 이런 문제에 있어서는 뉴턴의 이론이 정확하고 믿을 만하며 훨씬 간편한 해답을 준다.

모든 이론에는 우리에게 필요한 정밀도와 관찰 대상의 범위에 따라 결정되는 유효성의 영역이 있다. 뉴턴의 이론은 빛보다 훨씬 속도가 느린 영역에서는 여전히 유용하고 믿을 수 있다.

　　　과학하는 인간의 태도

어떤 의미에서는 뉴턴의 이론이 아인슈타인의 연구 덕분에 강화된 측면도 있다. 이제 뉴턴의 이론을 어느 범위까지 적용할 수 있는지가 더 명확해졌다는 의미에서 그렇다. 건설업자들이 지붕이 너무 허약해 눈이 쌓이면 위험하다고 경고할 때, 그 계산은 뉴턴의 방정식을 근거로 한 것이다. 그에 관해 아인슈타인의 이론이 나온 지가 언제인데 그런 말을 하느냐고 무시한다면 그것만큼 어리석은 일이 없을 것이다.

과학을 신뢰할 수 있는 것은 이런 확실성 때문이다. 예를 들어 폐렴에 걸렸을 때 아무 조치도 하지 않으면 죽을 확률이 높지만, 페니실린을 복용하면 생존할 확률이 상당히 높아진다고 과학은 말한다. 이런 지식은 의문의 여지가 없다. 우리는 폐렴의 정체가 뭔지 정확히 모르더라도 페니실린을 복용하면 생존 확률이 크게 높아진다는 것을 믿을 수 있다. 오차는 있겠지만 생존 확률이 높아진다는 것은 확실한 과학적 예측이다.

그렇다면 우리가 이론에 관심을 기울이는 것은 특정 영역과 오차 범위 내에서 유효한 예측을 제공해주기 때문이라고 볼 수도 있다. 여기서 한발 더 나아가면 이론이 유용하고 신뢰할 수 있는 이유는 오직 예측 능력뿐이며 나머지는 관심 밖이라는 결론이 된다.

실제로 이것은 오늘날 일부 과학철학자들의 결론이기도 하다. 그러나 내가 보기에 그것은 틀린 말이다. 뉴턴과 아인슈타인 중 어느 쪽의 세계관이 옳은가? 양쪽 모두 틀린가? 그렇다면 우리는 세상에 관해 무엇을 아는가? 우리가 아는 것이 일정한 오차 범위 내에서 특정 물리현상을 계산하는 데 특정 방정식이 도움이 된다는 것뿐이라면, 우리는 과학을 통해 세상을 온전히 이해할 방법을 잃어버린 셈이다. 과학적 지식이 있더라도 세상의 참모습은 여전히 이해할 수 없는 대상이 된다.

과학을 단지 확고한 예측을 제공해주는 수단으로만 이해하는 태도는 문제가 있다. 그런 관점으로는 과학의 실천과 발전, 실제적 사용법 등을 모두 놓치게 된다. 우리가 과학에 관심을 기울이는 궁극적 이유가 바로 이런 것인데도 말이다.

예를 들어보자. 코페르니쿠스는 무엇을 발견했을까? 과학을 확고한 예측이라고 생각하면 그는 아무것도 발견하지 못했다. 코페르니쿠스의 예측 체계는 프톨레마이오스보다 나을 게 없다. 게다가 코페르니쿠스는 태양이 우주의 중심이라고 주장했지만, 오늘날 우리는 그것이 사실이 아님을 안다.[+] 그렇다면 코페르니쿠스의 과학은 도대체 무슨 가치가 있을까? 앞서 설명한 관점으로는

 과학하는 인간의 태도

아무 가치도 없는 셈이다.

코페르니쿠스가 아무것도 발견하지 못했다는 관점은 무슨 효용이 있을까? 그런 관점이라면 갈릴레오로 하여금 지동설을 사실로서 가르치는 것을 금지한 로베르토 벨라르미노 추기경이 옳았다는 결론에 도달할 것이다. 그는 코페르니쿠스가 하나의 계산 방법을 제시했을 뿐이며, 태양이 진정한 중심이라거나 지구가 한낱 행성에 불과하다고 주장하지는 않았다고 말했다. 만약 벨라르미노의 관점이 보편적으로 받아들여졌다면 뉴턴과 현대 과학은 등장하지 못했을 것이고, 우리는 지금도 지구가 우주의 중심이라고 믿었을 것이다.

어떤 과학적 견해가 태양이 태양계의 중심이고 지구는 그 주위를 도는 행성 중 하나라는 사실을 비과학적이라고 생각한다면 그것이야말로 과학이 지닌 한계를 보여주는 것이다.

과학적 예측은 적어도 두 가지 이유에서 중요하다. 첫

✛ 코페르니쿠스가 지구가 태양 주위를 도는 것이며, 그 반대가 아니라는 사실을 깨달았다고 변호할 수도 있다. 그러나 그런 논리조차 뉴턴의 이론에서는 유효하지만 아인슈타인의 이론에 비춰 보면 설득력이 상당히 떨어진다. 아인슈타인의 일반상대성이론에 따르면 지구와 태양은 측지선(평면에서 두 점을 잇는 가장 짧은 경로인 직선을 굽은 공간으로 일반화한 곡선)의 궤도를 따르므로 둘 중 어느 쪽이 우위에 있다고 할 수 없다.

째, 그것은 기술로 응용할 수 있다. 예컨대 눈이 쌓이기 전에 지붕이 무너질 확률을 미리 계산할 수 있다. 둘째, 그것은 이론을 확증하거나 반증하는 핵심 도구다. 코페르니쿠스의 지동설은 갈릴레오가 그 이론을 바탕으로 금성의 위상을 정확히 예측한 다음에야 비로소 널리 인정되었다. 그러나 과학을 예측 기술로만 보는 태도는 과학 자체와 그 기술적 응용을 혼동하는 것이거나, 과학을 확인과 검증을 위한 도구로 바꿔치는 것이다.

과학을 정량적 예측 기술로 축소하면 안 된다. 또한 계산 기술, 실험 절차, 가설 검증 방법으로 환원해서도 안 된다. 물론 이런 도구적 역할은 매우 정확하고 중요하다. 명료성을 담보하고, 오류를 배제하며, 부정확한 가설을 밝혀낸다. 그래도 이것은 어디까지나 과학 활동에 유용한 도구일 뿐이지 과학 자체는 아니다.

숫자·기술·예측은 발견을 제안하고, 시험하고, 확인하고, 활용하는 데 도움이 된다. 그러나 발견한 내용 자체가 기술적인 것은 아니다. 지구는 우주의 중심이 아니다. 우리를 둘러싼 모든 물질은 양자, 전자, 중성자로 구성되어 있다. 우주에는 1,000억 개의 은하계가 있다. 그리고 각 은하계에는 태양과 같은 항성이 또 1,000억 개나 있다. 빗물은 땅과 바다에서 증발한 물이다. 138억 년 전의 우주는 하나의 불덩어리였다. 부모와 자녀가 닮은 것은 선대의 유전자가 DNA에 담겨 전달되기 때문이다. 우리의 두뇌 속에는 약 1,000조 개의 시냅스가 있어 우리가 무언가를 생각할 때마다 전기 자극을 일으킨다. 화학은 너무나 복잡하지만 결국 양성자와 전자 사이의 전기력으로 설명할 수 있다. 지구상 모든 생명체의 기원을 거슬러 올라가면 단 하나의 조상에서 만난다. 따라서 인간과 무당벌레는 친척이다.

이 모든 것은 자연의 사실이며, 과학적 사고가 우리에게 드러내준 진실이다. 그것들은 우리가 세계와 자신에 가지는 이미지를 근본적으로 바꿔놓았다. 그리고 우리의 사고방식에 직접적이고도 막대한 영향을 미쳤다.

인지 활동으로서의 과학과 확고한 예측 도구로서의 과학을 혼동한 결과, 기술 영역에서 새로운 비판이 제기되었다. 주로 독일과 이탈리아 등에서 제기된 이 비판은 과학이 진짜 문제를 외면한 채 목적이 아니라 수단에만 몰두하고 있다고 지적한다. 그러나 이런 비판이야말로 수단과 목적을 혼동한 것이다. 기술적 측면만으로 과학을 비판하는 것은 마치 시인이 쓰는 펜을 보고 시인을 판단하는 것과 같다. 중요한 것은 시를 쓰는 펜이 아니라 그 펜으로 쓴 시의 내용이다. 우리에게 자동차 엔진이 중요한 것은 그것이 바퀴를 돌리기 때문이 아니라 우리를 멀리까지 데려다주기 때문이다. 엔진은 우리가 먼 곳에 갈 수 있는 수단일 뿐이다.

작은 정원을 벗어나는 일

우주는 변화이며, 삶은 의견이다.

– 데모크리토스, 〈단편 115〉

그렇다면 과학적 지식이란 무엇일까? 과학의 목표는 정량적 예측을 정확히 하는 것이 아니라 세상의 작동 원리를 파악하는 것이다. 이 말이 무슨 뜻일까? 과학의 목표는 세계관을 구축하는 것이다. 세계를 이해하는 개념 구조를 확립하고, 그것이 이미 알고 있는 지식과 부합하도록 끊임없이 개선해가는 일이다.

과학이 존재하는 것은 우리가 너무 무지하고 수많은 오류를 안고 있기 때문이다. 과학은 우리의 무지와 호기심에서 태어나('저 언덕 너머에는 무엇이 있을까?') 우리가 알고 있다고 생각하는 모든 것에 도전하지만, 사실에 입각한 증명이나 합리적 분석과 비판 앞에는 무릎을 꿇는

　　　과학하는 인간의 태도

다. 우리는 한때 지구가 평평하며 우주의 중심이라고 생각했다. 박테리아가 생명이 없는 물질에서 저절로 생겨난다고 생각했다. 뉴턴의 법칙이 정확하다고 생각했다. 그러나 새로운 발견이 일어날 때마다 우리가 보는 세상은 변한다. 우리는 세상의 진실을 향해 조금씩 나아간다.

과학은 더 멀리 보는 일이다. 우리는 과학을 통해 작은 정원을 벗어나고, 우리의 생각이 얼마나 자주 빗나가는지 깨닫는다. 과학은 우리의 편견을 드러낸다. 그리고 우리가 더 넓은 맥락에서, 더 정밀하게 세계를 생각할 수 있도록 새로운 개념적 도구들을 만든다.

과학적 지식은 우리의 세계관을 끊임없이 수정하며 개선하고, 그 바탕이 되는 가정과 신념에 의문을 제기하며 더 나은 개선책을 찾는 과정이다. 우리는 과학적 사고를 통해 세상을 탐구하고 재구성한다. 과학은 우리에게 새로운 세계관을 선물한다. 과학은 세상을 어떻게 바라보고 생각해야 하는지 가르쳐준다. 그것은 새로운 사고의 틀을 탐구하는 끝없는 과정이다.

과학의 본질은 기술이 아니라 그보다 앞서는 관점에 있다. 아낙시만드로스는 수학을 전혀 몰랐지만, 그가 없었다면 히파르코스가 자신의 수학을 창안할 수 없었을 것이다. 이탈리아의 철학자 조르다노 브루노가 발견한 무한한 우주는 갈릴레오와 허블의 연구에 길을 열어줬다. 아인슈타인은 빛의 속도로 달리는 사람의 눈에 세상이 어떻게 보일지 궁금해했고, 자신이 상상한 그 세상은 시공간이 휜 거대한 연체동물 같다고 책을 통해 말했다. 과학이 꿈꾸는 새로운 세상이 우리의 머리에 들어 있던 관념보다 훨씬 현실에 가까울 때가 있다. 그리고 이런 세계관의 개선 과정은 끝없이 되풀이된다.

아낙시만드로스와 다윈, 아인슈타인의 혁명은 이런 위대한 사고 혁명 중 가장 눈에 띄는 일부에 불과하다. 오늘날 우리가 세상을 생각하는 방식은 3,000년 전 바빌론의 그것과 너무나 다르다. 이런 변화는 오랜 세월에 걸쳐 지식이 축적된 결과다. 새로운 지식이 잘 정착한 분야도 분명히 존재한다. 오늘날 우리는 기우제를 지낸다고 비가 오지 않는다는 사실을 안다.

아직 지식이 미완성된 분야도 있다. 우리는 우주가 급속히 팽창했으며 그 역사가 무려 138억 년이 되었다는 것을 알지만, 아직 모든 사람이 이 생각에 동의하지는 않는다. 우주의 나이는 성경에 나오는 대로 겨우 6,000년에 지나지 않는다고 고집 피우는 사람도 있다.

학계에서는 이미 정설이 되었지만 아직 인류 전체로 보편화되지 않은 지식도 있다. 아인슈타인의 상대성이론이 밝혀낸 시공간의 구조와 양자역학이 규명한 물질의 본질은 우리에게 익숙한 세계와는 전혀 다른 세상을 보여준다. 코페르니쿠스 혁명이 모든 사람의 의식에 스며들기까지 2세기가 걸렸던 것처럼 모두가 이런 변화에 익숙해지려면 시간이 더 필요할 것 같다.

세상은 앞으로도 변화할 것이고, 우리의 인식도 그에 맞춰 점점 더 넓어질 것이다. 우리는 과학적 예측을 무기로 시야를 넓히고 선입견을 무너뜨리며 새로운 현실을 마주할 수 있다.

이런 모험은 축적된 모든 지식에 바탕을 두고 있지만, 그 정신은 끊임없이 변화한다. 과학적 지식의 본질은 확신과 기존의 세계관에 집착하지 않고 지식, 관찰, 토론, 다양한 생각, 비판에 비춰 언제든 이런 세계관을 바꿀 수 있다는 마음가짐이다. 과학적 사고의 본질은 비판과 반항이다. 그것은 선입견과 숭배, 성역에 도전한다.

진화의 발판이 되는 모순

포퍼는 과학이란 확고한 명제의 집합이 아니라 얼마든지 반증할 수 있는 이론 체계라고 주장했다. 그는 과학 지식이 실증주의자들의 기대와 달리 직접적 검증으로 통제할 수 있는 종류의 것이 아니라는 점을 알았다. 오히려 과학 지식은 경험적 관찰로 반박할 수 있는 이론적 구조에 바탕을 두고 있다. 확고한 예측을 제공하는 이론이 현실에 의해 한 번도 반박된 적이 없을 때 우리는 그것이 유효하다고 인정한다. 그렇다고 이 이론이 앞으로도 반박되지 않는다는 보장은 없다. 그럴 때마다 과학자는 더 나은 이론을 찾아 앞으로 나아갈 것이다. 따라서 과학 지식은 포괄적이고 잠정적이며 항상 진화하는 성격을 지닌다.

쿤은 과학 지식의 이런 진화하는 성격을 연구했다.✝ 그에 따르면 과학 이론이란 세계에 관한 설명이며, 그 과정에서 일련의 현상을 기술하는 데 필요한 개념적 틀이다. 이를 '패러다임'이라고 한다. 우리는 패러다임 안에서 실험 데이터를 해석하고, 세상의 여러 문제를 정확하게 특정함으로써 그 해결책을 모색할 수 있다. 현실에서 반증이 나타날 경우, 즉 어떤 이론에 따른 예측이 실험

✝ 과학 지식의 역사적·진화적 성격은 이탈리아 과학철학에 의해 강조되어왔다. 그런 태도는 19, 20세기 이탈리아 철학을 장악한 역사주의에 의해 형성되었다. 당시 이탈리아 지성계의 두 줄기, 베네데토 크로체와 이탈리아 마르크스주의는 정치적으로 적대적이었지만 역사주의적 전제만큼은 공유했다. 그러나 이탈리아의 역사주의는 다른 세계를 설득할 언어를 끝내 찾지 못했다.

 과학하는 인간의 태도

결과와 다를 경우 패러다임은 위기에 처한다. 이런 위기는 경험적 데이터가 축적되며 패러다임이 그 유효성을 잃어버릴 때 나타난다.

어떤 패러다임에 위기가 오면 기존의 데이터와 현상뿐만 아니라 새로운 정보까지 더 잘 설명하는 대안 이론이 등장한다. 새로운 이론은 기존의 이론을 무너뜨리고 그 자리를 차지한다. 두 이론의 개념적 구조는 강하게 충돌한다. 처음부터 끝까지 말이 통하지 않을 정도로 다를 때도 있다. 쿤은 과학이 정상 시기와 혁명기를 오가며 발전한다고 설명한다. 정상 시기에는 지배적 패러다임 안에서 모든 문제가 해결되지만, 혁명기가 찾아오면 지배적 패러다임이 무너지고 새로운 개념적 틀 안에서 모든 현상이 재해석된다.

과학을 이렇게 이해하는 관점은 여러 방향으로 발전해왔다. 예컨대 실제 연구 현장은 거대한 패러다임의 위기와 교체가 아니라 다양한 학파의 경쟁을 따라간다고 강조할 수도 있다. 하나의 주제에서 연구가 오래 이어지면 당장 해결되지 않는 난점이 축적된다. 그로 인해 연구가 정체되면 학자들은 더 생산적인 주제로 이동한다. 학자들이 떠나는 학파는 점차 소멸한다.

한편 과학 과정의 방법론적 다양성을 강조하는 입장

도 있다. 과학의 복잡한 진화 과정을 단 하나의 이론으로 설명하려는 시도는 오히려 오류에 빠질 수도 있다는 것이다. 이런 철학적 관점의 연구는 과학이 발전해온 실질적 과정을 상당히 규명했다. 다만 이 과정에 직접 발을 딛고 있는 과학자가 보기에는 몇 가지 핵심 사항이 빠진 것이 눈에 띈다.

과학철학이 놓치고 있는 점은 과학 이론들 사이, 과학 이론과 세계에 관한 총체적 지식 사이에 존재하는 복잡한 관계다.

앞서 언급한 과학의 진화 모델에서는 이론이 언제든 조립, 사용, 폐기, 대체 및 시험이 가능한 독립적이고 고립된 구조인 것처럼 설명한다. 마치 이성과 상식 또는 우주에 관한 명백한 가정이 우리에게 확고하고 믿음직한 개념 구조를 제공하며, 그에 힘입어 우리가 여러 과학 이론을 얼마든지 가려낼 수 있다고 보는 듯하다.

이런 과학의 진화 모델은 관념적 문제에 대해서는 너무 급진적이고, 구체적 문제에 대해서는 너무 보수적이다. 급진적이라고 하는 것은 각각의 새로운 이론이 백지 상태에서 탄생한다고 보는 듯하기 때문이다. 보수적이라고 보는 것은 인간의 가장 경직된 사고방식이 우연히 나타났다는 점을 알아채지 못하기 때문이다. 이 모델은

     과학하는 인간의 태도

과학적 사고가 혁명의 성격을 띤다는 점을 알아보지 못하고, 자신도 모르게 경직된 사고에 갇히고 말았다.

새로운 과학 이론은 과학자의 상상력에 힘입어 어느 날 갑자기 만들어지는 것이 아니다. 그것은 언제나 기존의 지식이 조금씩 수정되며 발전한다. 인간의 뇌는 없던 것을 창조하지 않고 이미 있는 것에서 한 걸음씩 나아간다. 지식은 한 이론에서 다른 이론으로 전달된다. 혁신은 우리 인식의 한구석에서 자라난다. 그리고 그 변방이 신념의 뿌리가 될 때도 있다. 모든 새로운 과학 이론은 엄청나게 복잡한 우리의 세계관에 내재한다. 모든 유효한 이론은 새로운 지식이자 이론과 모순되지 않는 세계관이 진화하는 동력이다.

쿤과 파이어아벤트, 라카토스 등은 과학의 진화에서 관찰되는 불연속성, 즉 다양한 이론 사이에 개념적 차이가 있음을 강조한다. 이런 지적도 가치가 있지만 그로 인해 과학 발전의 누적적 성격을 놓칠까 봐 우려스럽다. 특히 결정적 변화의 시기일수록 이런 누적적 성격이 큰 역할을 하기 때문이다. 그들은 과학 혁명에서 실제로 변화하는 것은 당연히 변화하리라고 기대하던 것이 아니라 전혀 예측하지 못했던 것임을 놓치고 있다.

예컨대 아인슈타인은 새로운 개념과 과학 혁명이라는

면에서 그 누구도 따를 수 없는 인물이다. 1905년에 아인슈타인이 특수상대성이론을 창안한 것은 쿤의 이론이 말하는 패러다임의 위기에 대응하기 위해서였다. 갈릴레오와 뉴턴의 이론만으로는 설명할 수 없는 관측 결과가 나온 상황이었다.

특히 20세기 초에 등장한 맥스웰의 전자기 이론이 세계를 더욱 정확히 설명하는 상황에서 갈릴레오와 뉴턴의 이론은 갈수록 유효성을 잃고 있는 듯했다. 쿤이 주창한 불연속성이나 가설연역법에 비춰 보면 이 위기의 해결책은 새로운 이론적 토대를 창안하는 것이었다. 그 토대는 갈릴레오, 뉴턴, 맥스웰의 가설과 크게 다르고 실험적 결과에서만 일치하는 것이어야 했다.

그러나 아인슈타인은 그 방식을 택하지 않았다. 그는 갈릴레오와 뉴턴 이론의 요점인 관성좌표계의 등가성, 즉 속도가 상대적이라는 사실이 정확하다고 봤다. 또한 맥스웰 방정식과 이론의 본질인 장의 존재도 인정했다. 즉, 쿤이 과학 혁명으로 뒤집힌다고 봤던 두 패러다임의 본질적 측면을 그대로 수용한 것이다! 모순적으로 보이는 두 가설이 결합하자 동시성이 절대적이라는 세 번째 가설이 나타났고, 이는 특수상대성이론이라는 새로운 통합 이론으로 이어졌다. 제3의 가설은 과거에 암묵적으

　　　　과학하는 인간의 태도

로 제기되었을 뿐 명시적으로 언급된 적이 없었다. 그때까지 시간성이라는 개념에 내재한 선험적 사고 조건으로 여겨졌을 뿐이다.

아인슈타인의 혁명은 기존 이론을 버리고 새로운 이론을 시도한 결과가 아니었다. 그는 오히려 기존 이론을 진지하게 받아들였다. 그런 다음 우리가 당연하다고 여겨온 가정, 그때까지 의심조차 하지 않았던 선험적 세계관('시공간은 절대적이다')에서 무언가를 덜어내는('정말 시공간이 절대적이라고 가정할 수 있나?') 방식으로 그의 혁명은 이뤄졌다. 아인슈타인은 기존 규칙으로 새로운 게임을 펼친 것이 아니라 게임의 규칙 자체를 바꿨다. 시간은 이제 칸트가 선험적 지식 조건이라 생각했던 당연한 것이 아니었다. 상식을 뒤집은 것이다.

특수상대성이론이라는 거대한 개념적 도약을 촉발한 것은 실험 데이터 자체가 아니다. 오히려 서로 모순되어 보이지만 경험적으로는 잘 들어맞았던 기존 이론들의 유효성에 관한 믿음이 그 도약을 이끌었다. 과학 혁명의 논리에 대한 이런 재구성은 쿤이 제시한 그림과 거의 반대된다.

이런 사례는 특수상대성이론 외에도 많다. 코페르니쿠스는 새로운 관측 데이터를 바탕으로 현상을 재구성하고자 프톨레마이오스의 이론적 구조를 포기한 것이 아니다. 오히려 프톨레마이오스 천문학을 더욱 깊이 연구해 주전원*epicycle*과 대원*deferent*[2]에서 찾아낸 핵심 개념으로 세계의 구조를 완전히 재구성했다. 그가 구상한 새로운 세계관에도 주전원과 대원은 여전히 존재하지만, 과거에는 의문의 여지가 없다고 여겨졌던 생각, 즉 지구가 우주의 중심이라는 개념은 완전히 뒤집혔다.

영국의 물리학자 폴 디랙은 특수상대성이론과 양자역학에 관한 확고한 믿음을 바탕으로 양자 이론을 고안하고 반물질[3]의 존재를 예측했다. 뉴턴은 케플러 제3법칙과 갈릴레오의 운동 법칙에 관한 완전한 믿음을 근거로 실험도 없이 만유인력을 발견했다.✝

---

2   지구가 우주 중심이라는 전제 아래 행성의 역행운동을 설명하기 위해 도입한 천동설의 핵심 개념. 지구는 대원의 중심에 위치하고, 주전원의 중심은 대원 궤도 위에서 이동한다. 그리고 주전원 궤도 위에서 태양, 달, 다른 행성들이 이동한다.

3   보통 물질의 모든 기본 입자(전자, 양성자, 중성자)에 대해 전하가 반대인 대응 입자(양전자, 반양성자, 반중성자)로 이뤄진 물질. 두 물질이 만나면 서로 소멸해 빛이나 감마선 등의 에너지로 바뀐다.

✝   모든 위대한 도약이 그렇지는 않다. 양자역학, 케플러 타원, 갈릴레오가 발견한 낙하체 법칙, 현대 입자물리학의 기본 모델 등은 경험적 관찰로부터 직접 도출된 것으로 보인다. 본문에 설명한 도약도 그 바탕은 경험적 관찰이었으나(과학 지식의 주요 원천은 언제나 경험이다), 이 경우에는 과거 이론의 사실적 내용에 이미 내재한다는 것을 이용했다.

1915년에 아인슈타인은 자신의 번득이는 천재성은 물론 특수상대성이론 및 뉴턴 이론에 관한 믿음 덕분에 시공간이 휘어져 있음을 발견했다. 이상을 종합하면, 현대 과학철학자들의 부인과 달리 사실에 근거해 과거 이론들을 신뢰하는 태도야말로 커다란 도약을 만들어낸 원동력이었다. 따라서 과학 혁명의 현실은 새로운 개념적 토대 위에서 실험 데이터를 재구성하는 것보다 더 복잡하다. 우리의 세계관은 중심과 주변을 가리지 않고 끊임없이 변화한다.

견고한 오류와의 대결

과학 분야의 도약은 확립된 문제를 해결하는 것만으로는 일어나지 않는다. 그것은 문제가 잘못되었다는 사실을 발견하는 데서 시작한다. 그러므로 잘 정의된 문제로 과학의 진화를 이해하려는 노력은 번번이 실패로 돌아간다.

아낙시만드로스는 바빌론 천문학이 제기한 문제를 해결하는 대신 문제를 바라보는 관점을 바꿨다. 그는 우리 머리 위의 하늘이 어떻게 움직이는지 설명하지 않았고, 하늘이 우리 머리 위에만 있지 않다는 사실을 발견했다.

프톨레마이오스는 히파르코스 체계의 문제[4]를 해결하려 행성이 일정한 속도로 운동하는 새로운 원을 발견하지 않았고, 행성의 속도가 변한다고 주장했다. 그리고 아리스토텔레스 물리학은 신경도 쓰지 않았다. 코페르니쿠스는 프톨레마이오스 체계의 특이한 거동을 플라톤의 천문학이 깔아놓은 게임의 규칙('지구가 우주의 중심이다') 내에서 설명하지 않았다. 그는 지구가 움직인다는 전혀 새로운 틀을 제시했다. 다윈의 진화론은 19세기의 패러다임('신의 설계에 따라 다양한 생물종이 탄생했고 그 형태는 변하지 않는다')으로는 너무나 당연하게 여겨지던 전제를 의심한 결과다.

이런 현상은 과학 분야의 커다란 도약에만 적용되는 것이 아니다. 과학자의 일상에서는 아무리 사소한 연구라도 이미 정리된 문제에 답하는 것만으로는 유의미한 진전을 달성하기 어렵다. 문제를 해결하기 위해서는 그 문제를 재정의해야 한다는 것을 깨닫는 순간이 있다. 내

---

4   '하늘의 운동은 완전한 원운동이어야 한다'라는 플라톤과 아리스토텔레스의 철학적 규칙을 이어받아, 히파르코스는 '천체는 완벽한 원을 따라 항상 일정한 각속도로 운동해야 한다'라는 수학적 천문 모델을 구축했다. 그런데 실제로 관측된 행성들은 때로는 빠르게, 때로는 느리게 움직이며 해당 전제의 모순을 드러냈다.

 과학하는 인간의 태도

가 지도하는 박사과정 학생들의 졸업논문을 보면 처음 연구계획서에서 제시한 문제의 해결책이 아닌 경우가 많다. 제대로 정의된 문제만 연구했다면 3년이나 걸릴 이유도 없었을 것이다.

따라서 끊임없는 지식 성장을 이끄는 힘은 확고한 사고 규칙 안에서 경험적 데이터에 의미를 부여하고 새로운 이론을 자유롭게 검토하는 것이 아니다. 오히려 과거부터 축적되어온 지식을 바탕으로 삼되 모든 측면에 의문을 제기할 수 있는 태도야말로 과학의 힘이다.

그런 관점으로 보면 현대 과학철학이 말하는 과학 이론의 통약불가능성[5]은 근거가 없다. 여러 이론의 불충분성, 근사치, 오류 같은 성격은 서로 쉽게 전파된다. 지구가 태양 주위를 돈다는 코페르니쿠스의 발견은 뉴턴과 아인슈타인의 틀 안에서 여전히 사실이다. 이 발견은 기존의 언어로는 낯설겠지만, 새로운 틀 안에서 새로운 언어로 다시 표현된다. 실제로 코페르니쿠스의 이론은 자연을 표현하는 진실('지구가 태양의 주위를 돈다')로서만이 아니라 새로운 개념 체계의 핵심 요소(아인슈타인의 우주

5　서로 다른 이론에서 사용하는 개념과 기준이 달라 이론 간의 비교가 불가능하다는 주장.

론 속에 코페르니쿠스의 원리가 있다)로도 살아남는다.

그 대표적 예가 코페르니쿠스의 혁명이다. 그것은 과학 혁명과 개념적 재구성의 원형이다. 프톨레마이오스의 《알마게스트》와 코페르니쿠스의 《천구의 회전에 관하여》는 과학사 최고의 업적이다. 두 책은 인류의 우주관을 뒤집어놓았다. 《알마게스트》가 그리는 우주는 하늘과 땅이다. 한쪽에는 인간이 일상에서 접하는 모든 물체와 지구가 있고 다른 쪽에는 달, 태양, 항성, 행성 등이 있다. 《천구의 회전에 관하여》는 태양이 한쪽에, 수성, 금성, 지구, 화성, 목성, 토성이 다른 쪽에 있다고 보며, 오직 달만 제3의 범주로 따로 구분한다. 구시대의 우주에서 우리는 움직이지 않았지만 새로운 우주에서 우리는 초속 30킬로미터의 속도로 회전하는 땅을 딛고 있다. 이보다 큰 개념적 도약이 있을까? 이토록 다른 두 개념 체계가 서로 대화할 수 있을까?

두 책을 살펴보자. 《천구의 회전에 관하여》는 거의 《알마게스트》의 개정판이라 할 정도로 유사하다. 용어, 수학, 주전원, 대원, 삼각함수표, 기법, 전체 구조, 세심함, 광대한 시야 등 모든 요소가 너무나 닮았다. 그러면서도 두 책 모두 그 이전이나 이후에 나온 어떤 책과도 다르다. 두 이론은 전혀 통약불가능하지 않다. 거의 똑같은 연구 계획이라고 볼 수밖에 없다. 프톨레마이오스와 코페르니쿠스는 서로를 너무나 속속들이 잘 알아 마치 연인이라고 생각될 정도다.

과학은 결코 무無에서 출발해 발전하는 것이 아니다. 과학은 천천히 조금씩 앞으로 나아간다. 그 작은 변화가 기초를 흔들 수도 있다. 우리는 배의 돛대와 용골까지 바꿀 수 있다. 하지만 배를 통째로 버리거나 새로 만드는 일은 없다. 우리는 세계관이라는 유일한 배를 조금씩 고쳐가며 무한한 현실을 끊임없이 항해한다. 수 세기가 지나며 배는 원래 모습을 알아보기 어려워진다.

아낙시만드로스의 행성 수레바퀴부터 아인슈타인의 휜 시공간까지, 배의 용골 아래로 수많은 물이 지나간다. 그러나 완전히 새로운 개념 구조를 무에서 창조한 사람은 아무도 없다. 우리는 자기 생각을 결코 벗어날 수 없기 때문이다. 우리는 우연히 얻은 개념 구조 속에서 생각한다. 생각은 그 대상인 현실과 부딪치고 맞서면서 점점 변화한다. 생각의 공간은 무한하지만, 지금까지 우리가 탐구한 범위는 아직도 너무나 좁다. 우리는 앞으로도 드넓은 세상을 탐구할 것이다.

불확실한 세계로의 초대

맨 처음 질문으로 돌아가보자. 과학이 끊임없이 변하고 있다면 그것을 신뢰해야 하는 이유는 무엇일까? 뉴턴과 아인슈타인의 이론도 내일이면 변할 수 있는데, 왜 우리는 현대 과학이 설명하는 세상을 진지하게 받아들여야 할까?

답은 단순하다. 역사의 어느 시점에서든 과학이 설명하는 세상이 그 시점에서 최선이기 때문이다. 그 설명이 개선될 수 있다고 해도 세상을 이해하는 날카로운 도구라는 사실은 변함이 없다. 언젠가 더 날카로운 칼이 나온다고 해서 지금 손에 있는 칼을 버리는 사람은 아무도 없다. 이런 진보적 성격이야말로 과학을 신뢰할 수 있는 분명한 이유다. 과학이 내놓는 해답은 확정적이지 않지만 거의 언제나 우리가 가진 최선의 해답이다.

마녀가 약초로 병을 치료하는 것은 과학적 방법일까? 구체적 원리는 모르더라도 효능이 입증된다면 그렇다고 할 수도 있을 것이다. 오늘날 과학적 치료법으로 알려진 여러 약품의 기원이 이런 민간요법인 경우가 많다. 그리고 그 약이 왜 잘 듣는지는 아직도 밝혀지지 않았다. 그렇다고 모든 민간요법이 효과적이라는 말은 아니다. 사실 대부분은 그렇지 않다.

과학적 치료법과 비과학적 요법의 차이는 그 방법을

진지하게 검증할 수 있는지, 효능이 없다는 징후가 보이면 언제든 폐기할 준비가 되어 있는지다. 조금 과장하면 현대 의학의 핵심은 치료법을 검증하는 정확한 체계라고 할 수도 있다. 유사 요법 의사는 정확한 통계 분석으로 효능이 없음이 드러나도 아랑곳하지 않고 계속 그 요법을 쓸 것이다. 이것은 과학적 태도가 아니다. 현대 병원의 연구의라면 질병의 원인에 관해 더 나은 이론이 나오거나 치료법이 개발되면 기존의 이론을 기꺼이 바꿀 수 있어야 한다. 과학적 치료법은 이론물리학과 마찬가지로 지금으로서는 최선의 치료법이며 지금까지의 경험으로 검증된 방법이다. 그것은 결정적이지도, 완전하지도 않다. 그저 지금 가장 좋은 지식일 뿐이다.

과학을 믿을 수 있는 것은 그것이 확실한 진실이기 때문이 아니라 지금으로서 가장 좋은 답이기 때문이다. 과학은 새로운 답이 나오면 언제든 받아들일 수 있다.✝ 즉,

---

✝   이런 관점에 관한 오해는 오늘날 반과학주의의 원인이 되기도 한다. 창조론자들은 다윈 이론도 바뀌었다는 점을 들어 "과학은 자기가 내세운 주장도 믿지 못한다"라며 다윈주의를 공격하는 근거로 삼는다. 어떤 이론이 확실하다고 단정하는 것과 여러 이론 사이에 더 나은 것이 있다는 말을 혼동한 결과다. 어떤 말이 가장 빨리 달리는지는 알 수 없으나, 말이 당나귀보다 빠르다는 것은 확신할 수 있다. 다윈 이론이 생물의 역사를 모두 연구한 결과는 아니지만, 창조론보다 현실에 충실한 것만은 확실하다.

과학적 사고는 언제든지 배울 준비가 된 마음가짐이다. 과학의 신뢰성은 확실성이 아니라 그 반대에 바탕을 두고 있다. 애초에 확실한 것이란 없다는 믿음이다. 1859년에 존 스튜어트 밀은《자유론》에서 이렇게 말했다.

우리가 보증할 수 있는 믿음은 세상에 없지만, 전 세계를 향해 이 믿음이 틀렸음을 증명해보라고 초대할 수는 있다.

과학적 사고는 상식과 크게 다르지 않다. 하는 일은 똑같은데 과학이 좀 더 정교한 도구를 사용해 세상을 알기 위해 끊임없이 방법을 개선할 뿐이다. 낯선 도시를 처음 방문했을 때는 그 도시를 어렴풋하게만 알 수 있다. 조금 더 지내다 보면 도시에 관해 여러 가지를 알게 되며 첫인상과 다른 점도 느껴지기 시작한다. 내가 그 방문객이라면 그곳을 조금이라도 더 알고자 항상 노력할 것이다.

더 나은 지도가 있다고 해서 내 손에 있는 지도가 무가치해지는 것은 아니다. 지식의 습득 과정은 과학의 발전 과정과 똑같다. 우주를 살아가는 인류는 낯선 도시에 막 도착한 이방인과 같다. 우리의 지식은 아직 이 도시의 첫인상 수준이며 아직 배워야 할 것이 많다.

　　　　과학하는 인간의 태도

영원한 무지에 보내는 찬사

지식의 잠정적 성격을 깨닫는 것은 확실성을 추구해온 수많은 철학자의 환상과 더 멀어지는 길이다. 영국의 철학자 베이컨과 로크는 실험적 관찰에서, 프랑스의 철학자 데카르트는 순수이성에서 지식의 신뢰성을 찾았다. 그들의 이론은 후세에 엄청난 영향을 미쳐 근대 과학의 문을 열었다. 그들의 철학은 전통의 감옥에 갇혀 있던 지식을 해방시키고 비판적 사고를 자유롭게 풀어줬다.

오늘날 우리는 관찰과 이성이 지식을 추구하는 최선의 도구이지만 확실성을 보장하지는 않음을 안다. '순수한' 사실, 관찰, 실험 데이터란 존재하지 않는다. 우리의 인식은 두뇌, 사고방식, 편견, 이론에 뿌리 깊게 의존하기 때문이다. 아울러 확실성을 부여하는 순수이성도 존재하지 않는다. 우리는 다양하고 복잡한 가정을 벗어날 수 없기 때문이다. 그런 가정을 무시하려면 사고 활동 자체가 더 이상 불가능해진다.

실수를 피하는 확실한 방법도 없다. 인간은 결국 실수하기 마련이다. 베이컨과 데카르트가 비판적 사고를 풀어준 덕분에 우리는 관찰이 언제나 기존의 방대한 개념 구조에 의존하고 있으며, 심지어 가장 확실한 이성적 가설(데카르트가 말한 "명확하고 뚜렷한 생각")도 틀릴 수 있음을 알았다. 관찰과 가정은 이미 오류로 가득 찬 선험적 사고 체계에서만 존재한다. 우리에게는 정해진 출발점이 없다. 우리의 출발점은 언제라도 무너질 수 있는 오류로 가득 찬 지식의 총합일 뿐이다.

그러나 불확실하다고 해서 지식이 무가치한 것은 아니다. 이론을 검증하는 실험 데이터에 이미 가정이 가득 차 있다고 그 실험이 무가치한 것도 아니다. 우리의 이론이 실험과 모순되고 어디에서 잘못이 있었는지를 모르더라도 사실만은 단단한 바위처럼 그대로 남아 있다. 추론에 사용된 가정이 잘못되었더라도 추론은 여전히 지금으로서는 최선의 인식 방법이다.

끝없는 의심이 우리가 아는 지식의 타당성을 훼손하지는 않는다. 나는 차를 운전할 때마다 항상 실수할 수 있다고 생각한다. 그런 의심은 분명히 도움이 된다. 나는 왼쪽으로 가면 절벽이 나오고 오른쪽으로 가야 다리를 건넌다는 것을 똑똑히 안다. 나는 내가 아는 것을 믿지만 실수할 가능성에 대해서는 계속 경계한다.

우리가 가진 지식에 확실하고 의심할 여지가 없는 근거는 없다. 우리는 세상을 설명하는 결정적 이론을 발견했다고 착각할 때마다 바보처럼 행동했다. 마찬가지로 확실성의 최종 비밀, 즉 지식의 확실한 출발점을 찾았다

 과학하는 인간의 태도

고 생각할 때마다 결국은 우리가 틀렸음을 깨달았다.

✦ ✦

그렇다면 현실이란 무엇일까? 지식의 역사는 세상이 우리 눈에 보이는 것과 다르다는 것을 보여줬다. 우리 눈에는 푸른 하늘이 보이지만 그 너머의 거대한 공간에는 은하와 블랙홀, 중성자별이 가득하다. 그런데 이런 지식과 과학적 세계관조차 불확실하고 변화한다. 우리는 최종적 진실에 결코 도달할 수 없다. 그렇다면 절대적이고 알 수 없는 궁극의 현실이 존재하는 것일까?

아니다. 그것은 전혀 쓸모없는 개념이다. 알 수 없다면 우리는 그것에 관해 아무것도 모를 뿐만 아니라 고려할 필요조차 없다. 그렇다면 현실이라는 개념을 아예 버리고 모든 것이 생각에 지나지 않는다는 환원주의에 빠져야 할까? 그것도 소용없다. 우리의 사고는 반드시 현실에 관련되기 때문이다. 우리의 사고방식과 언어는 외부의 무언가, 즉 세계와 현실을 참조할 수밖에 없다. 현실이 없다면 우리의 지식은 무슨 소용일까? 따라서 현실은 가상의 궁극적이고 알 수 없는 존재가 아니라 지금 우리가 배우고 아는 것이다.

그리고 우리는 지금까지 배운 모든 것에 관해 꽤 많이 알고 있다. 너무나 많은 것을 알지만 현실은 여전히 우리를 놀라게 한다. 아직 발견하지 못한 것이 많으며 어쩌면 영원히 알 수 없는 것도 있을 것이다. 현실은 그것이 우리 생각과 너무나 다르다는 것을 계속 보여준다. 현실은 우리의 세계관을 확인하거나 반박하며 계속 자신의 참모습을 드러낸다. 우리는 이런 현실에 관심을 기울이고 개입한다.

✛ ✛

과정은 계속된다. 과학은 새로운 세계관을 계속 탐구하고 제안하며 이 세계관은 경험과 비판이라는 검증의 문을 천천히 통과한다. 이 과정은 모든 차원에서 일어난다. 모든 세계관은 다양한 연구 계획의 경쟁 속에서 발전한다. 각각의 연구 계획 아래에서는 또 다른 연구 계획들이 경쟁한다. 과학자는 매일 이런 작은 계획들을 서로 경쟁시켜 적자생존의 과정을 밟게 한다. 크고 작은 이론적 틀이 성장하거나 폐기된다. 우리는 무한한 생각의 영역을 끊임없이 탐구한다.

나의 연구 분야인 양자 중력 이론에서는 본질적으로

시간이란 존재하지 않는다고 본다. 시간은 특수한 상황에서만 의미를 얻는다. 시간 개념은 우리가 미시 세계의 상태를 몰랐던 시절에 등장한 일종의 가정이다. 아인슈타인이 갈릴레오와 패러데이의 이론을 진지하게 검토했듯이, 현대인도 아인슈타인과 하이젠베르크의 이론을 받아들인다면 시간이 존재하지 않는다는 결론에 도달할 수밖에 없다.

어떤 의미에서 이것은 매우 보수적 추론이다. 새로운 이론을 제시하는 것이 아니라 기존 이론의 사실적 내용을 믿은 데서 얻은 결론이기 때문이다. 그런데 이 추론이 맞다면 우리는 아인슈타인과 하이젠베르크를 결합하기 위해 개념의 도약을 달성해야만 한다. 시간이란 본질적으로 존재하지 않는다는 개념을 받아들이는 것이다. 그렇게 되면 아낙시만드로스가 이해한 세계관, 시간의 흐름에 따라 정해지는 법칙을 찾는 문제가 아예 무의미해질 것이다.

양자 중력에서도 변화가 존재할 수 있지만, 이 변화는 단 하나의 시간 변수에 따라 정의되지 않는다. 세계를 관장하는 법칙은 세계의 변화를 시간의 흐름으로 설명하지 않는다. 이 법칙은 세계를 설명하는 다양한 측면 사이의 관계에 관한 것이다. 이런 관계는 특정 조건에서만

시간에 따라 변화하는 형태를 취한다. 그렇다면 아낙시
만드로스가 제시한 게임의 규칙에서도 무언가를 바꿔야
한다. 세계를 체계적으로 이해하려면 시간을 기본 구조
로 생각하지 말아야 한다.

그러나 만약 우리가 아낙시만드로스를 그토록 깊은
수준에서 반박할 수 있다면, 오히려 우리는 그의 명예를
드높이는 셈이 될 것이다. 그가 남긴 가장 소중한 선례는
탈레스를 따르면서도 그 오류에 관해서는 사정없이 비
판했다는 점이다. 우리는 그의 가르침을 충실히 따르는
제자가 될 것이다.

이 시대에 만연한 반과학주의는 과학이 확실성과 오
만, 차가운 숫자, 그리고 기술 지상주의 등에 빠져 있다
고 공격한다. 이상한 일이다. 인간의 모든 지적 활동 중
에 자신의 한계를 의식하면서도 미래를 전망하려는 열
망에 불타는 것은 거의 과학밖에 없기 때문이다.

과학이 한 걸음 내디딜 때마다 새로운 세상이 펼쳐진
다. 지구는 우주의 중심이 아니며 시공간은 휘어 있다.
인류는 무당벌레와 사촌이고, 세상은 위에 있는 하늘과
아래에 있는 땅으로 이뤄지지 않았다. 셰익스피어의《한
여름 밤의 꿈》5막 1장에서 히폴리투스는 그 세상을 이
토록 아름답게 노래한다.

그러나 모든 이야기가 끝나고 보니,
그들의 마음이 모두 함께 변했다.
그것은 환상이라기보다는 차라리 현실처럼,
매우 힘차게 자라난 실체다.
그러나 놀랍고도 감탄할 만하다.

인간의 공통된 실수는 이런 유연성을 두려워하고 절대적 확실성, 즉 불안감을 진정시킬 만한 토대를 찾으려는 것이다. 이런 순진한 태도는 지식을 탐구하는 활동에도 방해가 된다. 과학은 세상을 생각하는 방식을 탐구하는 활동이다. 이런 활동을 통해 우리는 불확실성을 인정하고 지금껏 확실하다고 생각했던 생각을 버린다. 과학은 인간이 할 수 있는 가장 아름다운 모험이다.

9장

순진한 변명을 그만둬야 할 때

> 우리의 삶과 생각에서 중요한 한 가지 역설은 우리의
> 행동과 시야가 어떤 맥락 안에서만 존재한다는 것이다.
> 그러나 이 맥락이 강요하는 한계에 맞서 싸우기를 멈춘
> 다면 우리는 삶과 이해 자체를 멈추게 된다.
>
> — 로베르토 웅거,《주체의 각성》

미적·윤리적 판단, 나아가 진실과 거짓의 개념도 문화
적 맥락에 따라 다를 수 있음을 우리는 경험을 통해 안다.
그래서 문화나 시대가 전혀 다른 가치 체계의 판단과 생
각을 제대로 평가하기 어렵다는 것도 안다.

오늘날 이런 인식은 다양한 역사와 문화를 연구하는
데 영향을 미친다. 그 결과 우리가 자연스레 체득한 지
역주의나 서구 제국주의의 왜곡된 시각을 조금은 떨쳐
낼 수 있었다. 이런 인식은 우리에게 진실하고 정의로우
며 아름다운 것이 다른 사람에게도 반드시 그렇지는 않

다는 것을 깨닫는 데 도움이 된다. 과거 유럽인은 제국주의의 영향으로 서구의 시각이 보편적이라는 믿음을 가지고 있었다. 과학이 우리에게 확실성을 제공할 수 있다면, 우리는 점점 아둔해져서 스스로 진실이라고 믿는 것만 순수한 결정체라고 여기게 될 것이다.

타자他者에 관한 이런 인식은 건전하고 중요하다. 그러나 그것이 때로는 모든 가치를 완전히 상대화하는 식으로 과장되기도 한다. 모든 의견이 옳고, 모든 윤리적 판단이 동등하다는 결론에 이르는 것이다. 안타깝게도 요즘은 이런 극단적 문화상대주의가 널리 퍼져 있다. 그것은 깊은 오해에서 비롯되었다.

우리가 틀릴 수도 있음을 인정한다고 해서 옳고 그름을 따지는 것이 아무 의미가 없다는 뜻은 아니다. 다양성을 인정하고 다른 생각을 진지하게 받아들이는 것은 모든 생각이 똑같다고 주장하는 것과 다르다. 어떤 판단은 복잡한 문화적 환경 속에서 형성되고, 많은 암묵적 판단이 그것과 연결되어 있다. 하지만 그 사실이 우리 스스로 오류를 인식할 수 없다는 것을 의미하지는 않는다.

극단적 문화상대주의의 진짜 문제는 그것이 자기모순이라는 데 있다. 역사나 문화와 동떨어진 절대적 진리란 존재하지 않는다. 그러나 바로 이런 이유로 우리는 진실이라는 가치 없이는 아무것도 할 수 없다. 이런 가치의 의미를 부정하는 사람은 도대체 무슨 말을 하고 싶은 것일까? 문화와 역사의 테두리를 벗어날 수 없음을 보여주려고 스스로 그런 틀을 벗어나기라도 한 것일까? 가치나 진리란 그저 상대적일 뿐이라고 말하는 것일까? 만약 그렇다면 나는 차라리 비교가 가능한 다양한 문화적 틀에 속하는 편을 선택하겠다.

요컨대 우리는 언제나 어떤 문화에 속해 있고, 거기서 빠져나올 수 없다. 진리라는 개념은 우리의 세계관 밖에 있는 것이 아니다. 따라서 진리 개념 없이는 아무것도 할 수 없다. 우리는 진리를 부정하려 해도 항상 그 개념을 의식하며 말한다. 우리는 오직 담론의 영역에서만 말하고, 진실을 주장하고, 판단할 수 있다.

그렇다고 진리를 판단하는 우리의 미적·윤리적 기준이 절대적이고 보편적이며 최선이라고 가정해야 한다는 뜻은 아니다. 또한 그런 판단을 다른 문화, 자연 자체, 우리 생각의 진화에서 찾을 수 있는 변수보다 우선해야 한다는 말도 아니다. 우리의 언어 세계는 다른 언어 세계와의 만남에 열려 있다. 다양한 문화는 동떨어진 쌍둥이들이 아니라 서로 통하는 파이프들이다.

문화는 다를 수 있지만 그 차이가 소통을 막는 것은

 과학하는 인간의 태도

아니다. 알아듣기 어렵다고 전혀 소통하지 못하는 것은 아니다. 우리가 반드시 어떤 문화에 속한다는 사실이 다른 문화와 소통할 수 없다는 것을 의미하지는 않는다. 반대로 자연이든, 다른 문화든, 목상을 보여주는 이집트의 성직자이든 타자와의 대화야말로 인간 담론의 본질적 특징이다. 차이는 서로를 앞에 두고 묵묵히 서 있기만 하지 않는다. 서로 영향을 주고받으며 비교하기 마련이다. 다양한 문화를 마주하고 즉시 소통하며 자신의 가치 체계와 기준을 수정한다. 극단적 문화상대주의는 역동하는 문화의 본질을 알아보지 못하는 역사적 백치다.

다양한 문화의 견해 차이는 같은 문화권 내의 의견 차이와 성격이 똑같다. 심지어 한 사람의 머릿속에 떠오르는 여러 생각도 마찬가지다. 우리는 불확실한 상황에서 결정을 내리기 전에 서로 다른 선택지를 저울질한다. 인간의 생각은 외부와 고립된 골방에서 나오지 않는다. 생각은 모든 차원과 단계에서 끊임없이 재구성된다. 다양한 생각은 우리가 '현실'이라고 부르는 외부 환경과 끊임없이 대립한다.

물론 우리는 당장은 세상만사가 모두 똑같고 현실은 꿈이라고 말할 수도 있다. 그런 태도는 부처의 온화한 미소처럼 보인다. 그러나 현실을 살기 위해서는 개입하고,

알아내고, 결정해야 한다. 부처의 미소를 지으며 그렇게 할 수도 있겠지만, 전진하고 알아내며 당당히 맞서는 일을 멈출 수는 없다.

우리는 자신이 판단한 진실을 믿고, 자신의 윤리적 가정에 충실하며, 자신의 미적 기준에 따라 선택한다. 우리가 판단하고 선택하는 것은 어떤 이념에 따르기 위해서가 아니다. 그것이 곧 우리의 삶이고 생각이기 때문이다.

우리는 공통의 사고 체계 안에서 생각한다. 다만 공통의 것이라고 해서 그 체계가 단순하게 정리되는 것은 아니다. 그것은 여러 전통, 가치관, 경험이 뒤섞인 복합적 구조다. 그래서 같은 문화권에서도 사람마다 생각이 다르고, 심지어 한 사람의 머릿속에서도 서로 다른 기준과 관점이 공존한다. 다양한 판단은 서로 영향을 주고받으며, 다른 판단들로부터 양분을 얻어 변화하고 성장한다.

과거에 신에게 처녀를 바치는 것이 좋은 일로 여겨졌다고 해서, 오늘날에도 그런 행동이 비난받지 말라는 법은 없다. 과거에 판단을 내렸던 역사적·문화적 맥락이 바뀔 수 있다. 하지만 그렇다고 지금 우리가 판단을 내릴 수 없는 것은 아니다. 단지 판단에 필요한 복잡한 배경을 받아들이는 데 마음을 열고, 더욱 현명하게 보고자 할 뿐이다.

 과학하는 인간의 태도

이 점과 관련해 흔히 벌어지는 혼란의 사례를 하나 소개한다. 지금까지 다뤄온 과학적 사고와도 관련이 있다. 최근 나는 서로 다른 두 문명이 내놓은 비슷한 측정을 비교한 논문을 읽었다. 첫 번째는 기원전 3세기 에라토스테네스가 지평선에서 위도에 따른 태양의 고도 변화를 측정한 유명한 사례다. 에라토스테네스의 목적은 지구의 크기를 측정하는 것이었다. 그가 측정한 지구의 둘레는 현대 지리학의 측정값과도 오차가 크지 않을 정도로 매우 정확했다. 두 번째는 거의 같은 시기에 중국에서 나온 것이지만 목적은 달랐다. 지구가 평평하다고 생각하던 중국 천문학자들은 이 측정값을 통해 땅에서 태양까지의 거리를 계산하려고 했다. 그 결과 태양이 지표면에서 불과 수천 킬로미터 떨어져 있다는 완전히 잘못된 결론이 나왔다.

이 흥미로운 논문은 멀리 떨어진 두 문명의 유사점과 차이점에 관해 많은 것을 알려준다. 그러나 나는 결론을 읽고 다소 의아했다. 에라토스테네스의 측정이 옳았고, 이후 서구 세계가 이 측정을 통해 지구의 정확한 모양과 크기를 알아냈다는 사실이 언급되지 않았기 때문이다. 중국 천문학자들의 해석이 틀렸고, 그것이 중국의 과학 발전을 크게 저해했다는 내용도 빠져 있었다.

나중에 나는 이 논문의 저자 리사 래펄스*Lisa Raphals*[1]를 만난 기회에 이 차이에 관해 어떻게 생각하는지 물어본 적이 있었다. 그는 내 관점이 잘못되었으며 지구의 형태나 태양의 거리 같은 지식은 각 문명의 진리 체계 내에서만 평가되어야 한다고 대답했다. 그런 맥락에서 옳고 그름을 따지는 것은 아무 의미도 없다는 것이었다.

역사학자의 관심이 사고 체계와 그 도구의 '평가'가 아니라 '재구성'에 있다는 점은 나도 잘 안다. 래펄스도 학계 규칙에 따라 글을 써야 할 것이다. 그럼에도 그의 답변은 그 규칙에 심각한 문제가 있음을 보여준다. 어느 한쪽의 옳은 과정과 다른 쪽의 틀린 과정까지 관심을 기울인다면, 과학의 발전에 있어 고대 중국과 그리스의 차이를 더 깊이 이해할 수 있지 않을까?

래펄스와의 대화에서 요점은 '옳고 그름이 정말 중요한가?'일 것이다. 나는 그렇다고 주장한다. 진리의 가치는 각 문명의 신념 체계 내에 존재하지만, 그렇다고 비교가 무의미한 것은 아니다.

실제로 두 문명의 신념에 차이가 있다는 것은 다음과

---

1   초기 중국과 고전 그리스를 중심으로 비교철학과 사상사를 연구하는 미국의 학자.

같은 역사적 사실에 의해 밝혀진다. 17세기에 예수회 선교사 마테오 리치는 그리스와 유럽의 천문학을 중국에 전했다. 두 문명의 관점이 마침내 만난 사건이었다. 서구의 천문학자들은 그들의 신념 체계를 근거 삼아 중국의 계산을 웃음거리로 여겼다. 반면에 서구의 계산을 알게 된✦ 중국의 천문학자들은 그들의 신념 체계에 따라 그것을 우월하게 인식하며 세계관을 바꿨다.

논문은 이런 차이를 간과했다. 이 차이는 에라토스테네스의 해석이 중국 천문학자들의 해석보다 옳았다는 점을 보여준다. 인간의 가치 체계와 신념 체계는 충분히 서로 소통할 수 있다. 두 체계는 즉시 혹은 시간차를 두고라도 대화를 통해 누가 옳고 그른지 판명할 수 있고 그 이유도 알 수 있다. 혹은 이런 만남을 통해 상황적 현실을 직면해 어떤 견해는 강해지고 어떤 의견은 힘을 잃기도 할 것이다. 상황적 현실은 복잡한 사고 체계 내에서 걸러지고 해석된다. 지구가 평평하다고 믿고 싶어도 페르디난드 마젤란의 배가 서쪽에서 출발해 동쪽으로 돌아온 이유를 설명해야 할 날이 온다.

✦　이 사건은 유럽 세계가 극동 지역에 식민지를 건설한 시점보다 훨씬 전에 일어났다. 마테오 리치의 사망 연도는 1610년이다.

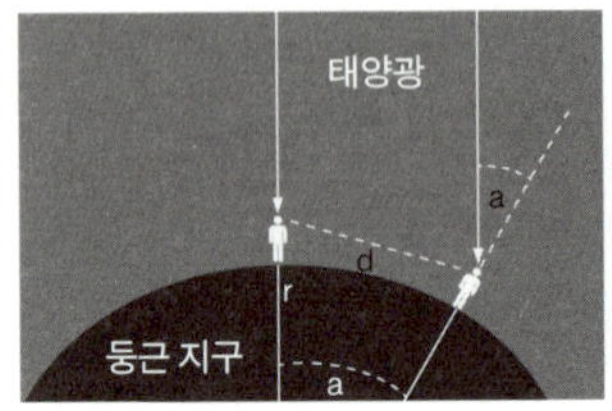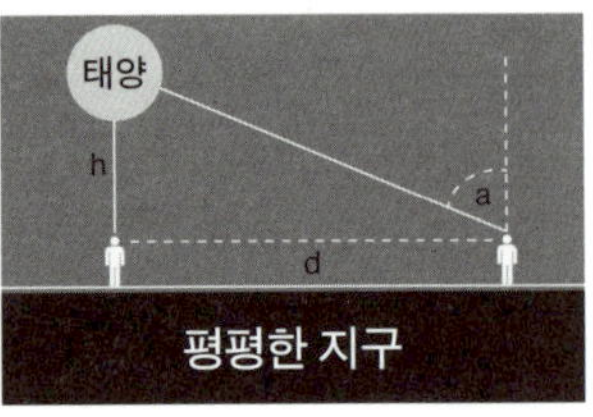

|그림 13| 태양의 고도는 위도에 따라 달라진다. 에라토스테네스(왼쪽)의 계산에 따르면 태양은 멀리 떨어져 있고, 태양의 고도가 바뀌는 것은 지구가 둥글기 때문이다. 이 변화를 측정하면 지구의 반지름(r)을 도출할 수 있다. 반면에 중국 천문학자들(오른쪽)은 지구가 평평하고, 태양의 고도 변화는 지구와 가깝기 때문이라고 해석한다. 이 변화를 측정하면 태양의 높이(h)가 나온다.

두 가지 천문학 측정값을 대조해 두 문명 사이의 유사점과 차이점을 연구하는 논문이 둘 중 하나가 맞고 다른 하나가 틀렸다는 점을 간과한다면 원래의 목적을 충분히 달성하지 못했다고 생각한다. 그것은 두 문명의 역사에서 매우 중요한 사건을 무시한 셈이다.

오늘날 중국은 과거 5,000년간 누려온 지위, 즉 세계 패권을 되찾는 방향으로 서서히 나아가고 있다. 그런 변화가 성공으로 끝날 것인지, 성공한다면 중국의 패권은 과연 어떤 모습일지 나는 모른다. 그러나 미래 중국의 문명이 [그림 13]에 나타난 그들의 과거 세계관이 우월하다고 주장하지는 않을 것이다.

문화를 해석하고 비교하는 것은 어려운 일이다. 그런

 과학하는 인간의 태도

데 그 사실을 아는 것과, 모든 해석과 비교의 시도를 부정하는 것은 전혀 다르다. 전자는 정신의 개방이지만 후자는 오히려 폐쇄에 가깝다. 문화의 놀라운 다양성을 만드는 것은 차이가 아니라 탁월한 소통 능력이다. 그렇다면 인류학자들은 어떻게 '야만적' 문화의 이질성을 알아차리고 우리에게 들려주는 것일까?

아메리카 원주민과 에스파냐인은 수만 년 동안 문화적으로 분리되어 있었지만, 거의 즉각적으로 큰 어려움 없이 대화하는 법을 배웠다(물론 오해와 착각이 있었고, 그 결과 콜럼버스 이전의 문화가 붕괴하는 비극도 뒤따랐다). 흔히 말하듯 문화들이 서로 소통할 수 없다면 아메리카 원주민과 에스파냐인은 어떻게 말을 나누고, 교역하고, 함께 자녀를 낳고, 군사적 동맹을 맺고, 경제적 협력을 유지하고, 종교를 교류할 수 있었을까? 수만 년 동안 유라시아의 어떤 영향도 받지 않고 살아온 남아메리카 원주민 남녀가 유라시아인과 그토록 닮았다는 사실은 놀랍다.

'위대한' 잉카의 예법은 중국 황제의 예법과 매우 비슷했다. 이처럼 문화들은 서로 깊이 닮아 있다. 이 사실이 우리가 북아메리카 원주민 수족*Sioux*이 말하는 '위대한 영혼'을 완전히 이해하지 못했다는 사실보다 놀랍지 않은가? 문화는 끊임없이 서로에게 말을 걸고, 영향을 주고받고, 교류한다. 그것은 화살과 포탄뿐만 아니라 (다행히도) 가치, 사상, 지식까지도 교환하는 일이다. 각 문화 내부의 개인이나 집단이 상호작용하는 방식도 마찬가지다. 지구의 문화적 풍요로움을 존중하려면, 우리는 그 문화들을 지키기만 해서는 안 된다. 교류 속에 서로 다른 문화가 부딪치며 지식이 검증되고 가치가 평가된다.

우리는 오스트레일리아 원주민에게서 자연과 생태적 균형을 존중하는 태도를 배운다. 그리고 불교의 지혜로부터 삶을 마주하는 법을 배운다. 하지만 그렇다고 아프리카 어떤 부족에서 소녀들의 음핵을 절제하는 것을 관습으로 존중해야 하는 것은 아니다. 또한 먼 땅에서 온 이주민들의 문화를 깊이 존중하고, 그들에게서 많은 것을 배울 수도 있다. 하지만 그렇다고 딸에 대한 아버지의 폭행을 비난하는 일을 망설여야 하는 것은 아니다.

존중과 비판이라는 두 태도에는 아무런 모순도 없다. 이것이 바로 우리가 동료 시민에게 보여야 할 태도다. 우리는 그들에게서 배울 준비가 되어 있지만, 필요하다면 그들을 비판할 준비도 되어 있다. 문제는 타자를 무조건 거부할 것인지 혹은 무조건 받아들일 것인지를 미리 선택하는 데 있지 않다. 중요한 것은 우리의 이성을 사용해 대립과 대화, 그리고 판단을 엮어내는 일이다.

　　　　　　과학하는 인간의 태도

지구상의 다양한 문화가 융합되는 현상은 이제 빠르게 일어나고 있다. 다양한 문화와 전통이 공존하는 문명이 탄생하고 있다. 인도, 중국, 미국, 이탈리아, 브라질의 청년들은 점점 더 비슷한 교육을 받고, 그들의 문화는 더욱 풍부하고 다양해지고 있다. 오늘날의 청년 세대는 빈부를 가리지 않고, 앞 세대와는 비교할 수 없을 정도로 넓은 세계관을 가지고 자란다. 이런 문화적 만남은 비이성적 두려움을 촉발하기도 한다. 예컨대 서구인은 아랍과 중국에 두려움을 느낀다. 그러나 우리의 어리석음이 갈등과 전쟁으로 번지지 않는 한 이런 문화적 융합은 앞으로도 계속되어 찬란한 문명을 꽃피울 수 있다.

유럽 제국주의가 만연하던 수 세기 동안 서구는 다른 세계에 대해 우월 의식을 품고 있었다. 제2차세계대전 직전까지 이탈리아와 독일은 물론, 영국과 프랑스에서도 이런 우월감은 노골적 인종주의로 드러났다.✝ 유럽 제국주의가 종식되고 미국 패권이 약해지며 서구의 우

✝ 나치 정권의 반유대주의적 인종차별은 유럽을 공포로 몰아넣었다. 제2차세계대전 이전의 광범위한 인종차별은 비유럽인만을 대상으로 했지만, 나치 정권의 인종차별은 독일을 제외한 모든 유럽인을 대상으로 삼았기 때문이다. 독일이 유대인에게 저지른 범죄는 분명히 인류의 가장 부끄러운 사건 중 하나다. 그러나 유럽인이 수많은 민족을 상대로 벌인 범죄도 못지않게 추악하다.

월감은 많이 누그러졌지만, 완전히 사라지지는 않았다.

우월감이 약해지면서 서구는 자기 자신과 이성의 힘, 인본주의의 가치를 의심하기 시작한다. 서구의 우월성이라는 방패 뒤에 숨는 태도는 모든 진실과 가치가 동등하다는 생각을 맹종하는 것만큼이나 어리석은 일이다. 다른 문화의 가치를 인정하고 맹목적인 서구의 우월성을 포기한다고 해서 서구를 비롯한 모든 문명이 세계에 공헌하는 근본적 역할이 부정되는 것은 아니다. 오늘날 서구는 (항상 그래왔듯이) 다른 세계로부터 배우고 있지만, 지금도 미래에도 세계에 크게 기여하는 귀중한 문화유산의 계승자이기도 하다. 사실 서구는 지금도 세계 문명을 형성하는 가장 큰 세력이다.

장대한 서구 문화유산의 뿌리인 고대 그리스 문화에서 민주주의와 과학, 비판적 사고가 자라났다. 프랑스의 인류학자 모리스 고들리에는 "그리스에서 태어난 것은 문명이 아니라 서구뿐이다"라고 말했다. 그러나 나는 그렇게 생각하지 않는다.

첫째, 서구는 그리스에서 태어나지 않았다. 서구는 그리스, 이집트, 메소포타미아, 갈리아, 게르만, 셈, 아랍 등 여러 민족의 영향을 받으며 형성되었다. 그리고 로마, 영국, 프랑스, 미국에 이르는 여러 국가에서 발전하며 지금도 외부의 영향이 꾸준히 흘러들고 있다.

둘째, 그리스에서 태어난 것은 문명이 아니라 인류 역사상 보편적 가치를 지닌 어떤 것이다. 최초로 불을 발견한 아프리카인이 아프리카 문명이 아니라 인류 공통의 유산을 만든 것과 마찬가지다. 그리스의 유산은 중동 전역으로 퍼져 인도와 유럽에 커다란 영향을 미쳤다.

근대 유럽은 이 유산의 가닥을 재발견하고 키워낸 다음 전 세계에 전파했고, 지금은 미국이 그 역할을 이어받았다. 유럽의 추악한 제국주의와 오늘날 미국의 군사주의가 이런 전파에 한몫한 것이 사실이지만, 그렇다고 그리스 문화유산의 가치가 떨어지는 것은 아니다.

우리와 다른 견해가 우리의 것보다 나을 수 있음을 받아들이는 것은 모든 견해가 동등하다고 여기는 것과 다르다. 이런 혼동은 또 하나의 중요한 착각을 낳는데, 이 착각은 문화상대주의와 완전히 반대된다. 이런 착각은 모든 가치가 사라지는 것을 막을 수 있는 유일한 방어책이 논의할 여지가 없는 절대적 진리를 복원하는 일이라고 믿는 데서 나온다. 이는 오늘날 매우 강하게 옹호되는 주장이며, 특히 이란이나 이탈리아처럼 강력한 성직자 계급이 여전히 존속하는 나라에서 두드러진다.

그들의 요지는 다음과 같다. 유일하고 절대적인 진리

에 의지할 때에만 문화상대주의로부터 우리 스스로를 구할 수 있다는 것이다. 그들에 따르면 문화상대주의 속에서는 모든 관점이 동등해지고, 모든 가치가 사라지며, 참과 거짓을 구별하는 일조차 불가능해진다. 이런 상대주의적 탈선에 맞서기 위해서는 우리가 이미 가지고 있다고 믿는 '진리의 무오류성'을 옹호해야 한다는 것이다. 여기서 말하는 '진리'는 그 주장을 내세우는 사람이 가진 특정 진리와 동일시된다. 이란에서는 아야톨라[2]의 진리가, 이탈리아에서는 바티칸의 진리가 그러하다.

이런 주장을 옹호하는 사람들은 하나의 진리에 관한 확신과 모든 관점이 동등하다는 생각 사이에 다른 길이 놓일 수 있음을 알아채지 못한다. 그것은 토론과 비판의 길이다. 비판을 받아들이기 위해서는 오늘 참처럼 보이는 것이 내일 거짓으로 드러날 수도 있음을 인정하는 겸손이 필요하다. 사람들은 흔히 자신의 확신이 틀릴지도 모른다는 두려움 때문에 그것에 집착한다. 그러나 토론을 거부하는 확신이 견고할 리 없다. 토론과 비판 속에 기꺼이 자신을 내놓고 그 과정에서 살아남는 확신이야말로 진정으로 단단할 수 있다.

---

2   이슬람교 시아파의 성직자 계급.

    과학하는 인간의 태도

이 길을 나아가기 위해서는 인간에 관한 신뢰가 필요하다. 인간이 본질적으로 이성적인 존재라고 믿고, 진리의 탐구 과정에서 근본적으로 정직할 것이라고 믿어야 한다. 이런 신뢰는 기원전 6세기 그리스 도시국가들이 보여준 빛나는 휴머니즘을 특징짓는 요소였으며, 이후 수 세기에 걸친 경이로운 지적·문화적 번영의 근원이었다. 그러나 인간에 관한 이런 신뢰가 늘 유지되는 것은 아니었다. 이에 반대하는 수많은 목소리도 존재했다. 다음은 구약 예레미야서 17장에 나오는 구절들이다.

> 사람을 의지하며, 사람이 힘이 되어줄 것이라고 믿는 자는 저주를 받을 것이다.
> 그는 황야에서 자라는 가시덤불과 같아 좋은 일이 오는 것을 볼 수 없을 것이다.
> 그는 소금기가 많아 사람이 살 수 없는 땅, 메마른 사막에서 살게 될 것이다.

절대적 진리를 따를 것인가, 인간의 이성과 정직함을 믿을 것인가. 두 태도 사이의 갈등은 세상이 존재한 시간만큼이나 오래되었다. 이에 관한 성찰은 우리를 이 작은 책의 마지막 논증으로 이끈다.

10장

신이 떠난 세계에 서다

이 진리를 깊이 명심하면

자연의 참모습을 곧 알게 되리라

자연은 훌륭한 스승일 뿐만 아니라

신의 도움도 없이

스스로 모든 일을 해낸다.

- 루크레티우스, 《사물의 본성에 관하여》 제2권

과학적 사고의 탄생과 아낙시만드로스에 의해 시작된 혁명의 마지막 측면에 관해 말해보려 한다. 이 문제는 다소 미묘하므로 몇 가지 개념과 관찰을 이야기하고 과제를 제시하는 선에서 마무리할 것이다.

아낙시만드로스 이전의 모든 문헌은 이 세상을 신의 의지와 행동으로 바라보고, 구조화하고, 해석하고, 정당화한다. 아낙시만드로스는 비가 제우스 신이 내리는 것이 아니라 바람과 태양열에 의해 발생하고, 세상은 신의 명령이 아니라 불덩이에서 탄생했다고 본다. 새로운 관점이다. 비가 내리는 원리와 우주의 기원을 새로운 호기심의 대상으로 삼은 그는 자연현상을 신과 상관없이 그 자체로 탐구한다.

아낙시만드로스는 이런 과정을 통해 사실상 종교적 세계관에 도전을 시작한 셈이었다. 아낙시만드로스의 자연주의적 해석은 대기 현상뿐만 아니라 우주론, 세계의 지리적 구조, 생명의 근원까지 포함한다. 이런 자연주의는 세상을 이해하는 통합적 개념 구조라는 종교의 중요한 기능과 크게 충돌한다. 아낙시만드로스는 단순하면서도 중요한 질문을 제기한다. '세계를 설명하는 데 신이 필요한가?'

오늘날 남아 있는 고대 문헌을 아무리 뒤져봐도 아낙시만드로스가 종교를 비판했다는 뚜렷한 증거는 없다. 탈레스는 기하학 정리의 증명법✝을 발견하고 너무나 기쁜 나머지 제우스 신에게 황소를 제물로 바쳤다고 한다. 이오니아학파는 종교 자체나 그것이 인간 사회에서 담당하는 수많은 기능을 비판하지 않았다. 그들은 '종교를

✝　원지름 양 끝에 오는 점 A와 B를 원 위의 다른 임의의 점 P와 연결할 때, 두 선분이 이루는 각은 직각이다.

통해 세상을 정확히 이해할 수 있는가?' 하는 점을 문제로 삼았다. 이것은 세상에 간섭하는 신의 손길을 배제하고 완전히 단절하는 문제다.

고대와 현대를 막론하고 밀레토스학파의 사고방식에서 일종의 종교성을 찾을 수 있다고 보는 이들이 있었다. 예컨대 아리스토텔레스는《영혼에 관하여》에서 "아마도 탈레스는 만물이 신으로 가득하다고 본 것 같다"라고 했다. 나는 탈레스의 말을 이렇게 해석하는 데 동의하지 않는다. 아리스토텔레스는 대단히 뛰어난 인물이었지만, 선대 철학자들을 엄정하게 해석하지는 못했다. 게다가 '아마도'라는 단어를 사용한 점이 신빙성을 더욱 떨어뜨린다. 아리스토텔레스는 늘 이오니아학파의 철학자들이 만물을 자연의 원리로 파악하려 한다며 그들을 '자연학자'라고 비판했다.

중요한 것은 탈레스와 아낙시만드로스가 신을 어떻게 이해했는지, 그들의 세계관이 고대의 종교성과 얼마나 가까웠는지가 아니다. 정말 중요한 것은 그들이 제시한 우주에 관한 설명이 혁명적이라는 사실이다. 그것은 자연적·물리적 개념으로만 구성되며, 신성에 관한 모든 언급을 명시적으로 그리고 철저히 배제한다. 이로써 이후의 모든 과학적 탐구가 나아갈 수 있는 문이 열렸다.

 과학하는 인간의 태도

이 점에 관해서는 한 전문가의 말을 믿어도 좋다. 바로 성 아우구스티누스다.

> (아낙시만드로스는) 만물은 소멸하고 다시 생성하는 과정을 끝없이 되풀이하며, 그 과정은 시간과 상황에 따라 더 길어지거나 짧아지기도 한다고 생각했다. 또한 그는 만물의 이런 모든 활동을 신의 의지로 설명하지 않았다는 점에서도 탈레스와 똑같았다.

아우구스티누스만큼 신성을 추구한 학자는 없을 것이다. 이교도의 사상에서도 신의 존재를 찾으려 했던 그가 고대 철학에서 신의 흔적을 확인하려 한 것은 너무나 당연하다. 그런 아우구스티누스가 탈레스와 아낙시만드로스를 이토록 극단적으로 평가한 것을 보면, 그들의 사상에서 종교와 관련된 부분은 찾을 수 없음이 분명해 보인다.✢

✢ 이탈리아의 철학자 니콜라 아바냐노Nicola Abbagnano가 이 점을 잘 표현한다. "현대의 비평가들은 이런 철학이 신비주의적 영향에서 비롯되었으며, 물리적 우주를 신인동형설(신에게 인간의 본질이 있다고 보는 견해)의 관점에서 보는 전통을 계승했다고 주장한다. 이런 주장은 역사적으로 전혀 근거가 없는 임의적 접근 방식이다. 소크라테스 이전의 철학자들은 자연을 객관적으로 보는 관점을 최초로 수립했는데, 이런 관점은 자연을 과학적으로 인식하는 첫 번째 조건이며, 자연과 인간을 혼동하는 고대의 신비주의 사상과는 정반대되는 태도다."

밀레토스학파의 이론이 선대의 사상과 문화적으로 매우 비슷하다는 점은 여러 차례 강조되어왔다. 예컨대 만물의 근원이 물이라는 탈레스의 주장은 바빌론의 설화, 성경, 호메로스의 우주론 등에서 반복된다. 아낙시만드로스의 우주론도 문제의식이나 구조, 발전 단계 면에서 헤시오도스의 주장과 매우 비슷하다. 그것은 너무 당연한 일이다. 밀레토스학파의 사상은 무에서 태어난 것이 아니라 그들이 속한 문화에서 비롯되었기 때문이다.

그러나 이런 유사성 때문에 차이를 놓쳐서는 안 된다. 정말 중요한 것은 차이점이기 때문이다. 코페르니쿠스의 논문은 프톨레마이오스의 그것과 비슷하면서도 차이가 있으며, 그 차이야말로 코페르니쿠스가 이룩한 업적이다. 탈레스와 아낙시만드로스의 우주론이 이전과 뚜렷하게 다른 점은 신이 사라졌다는 것이다.《일리아스》에 등장하는 신들의 아버지 오케아노스도,《에누마 엘리시》의 압수 신도, 말씀으로 빛과 물을 창조한 성경의 신도 보이지 않는다. 오로지 물밖에 없다. 세계는 신들의 말씀과 갈등, 전쟁으로 창조된 것이 아니라 저절로 진화했다고 설명한다.

아낙시만드로스는 신을 명시적으로 언급하지 않지만, 그의 지적 탐구 자세는 기본적으로 신의 존재를 철저히

 과학하는 인간의 태도

무시한다.✝ 그의 이런 태도는 만물의 기원을 신에서 찾는 그 시대의 정신과 충돌할 수밖에 없다. 그래서 길고도 고통스러운 갈등의 역사가 시작된다.

✛ ✛

신비주의와 종교적 사고는 새롭게 등장한 자연주의에 즉각 반응했고, 빠르게 격화되었으며, 이후 역사에서 끝없는 충돌을 불러왔다.

아낙시만드로스의 계승자들도 이단으로 몰려 처벌당했다. 아낙사고라스는 아테네에서 추방당했고, 소크라테스는 청년들에게 신을 모독하는 이설을 퍼뜨린 죄로 사형선고를 받았다. 이 사건은 그보다 불과 몇 년 전에 아리스토파네스의 희극《구름》에 묘사된 장면과 정확히 일치한다. 그것은 아낙시만드로스가 제기한 가장 중요

✝ 자연현상에 관한 아낙시만드로스의 해석을 알 수 있는 고대 문헌은 오늘날 파편처럼 흩어져 있을 뿐이다. 그럼에도 그런 자료를 읽다 보면 '도대체 신은 어디에 있나?' 하는 의문이 저절로 든다. 비록 그의 사고방식이 당시 시대적 정신과는 너무 다르지만, 우리는 사려 깊고 다정하면서도 약간 수심이 깃든 그의 표정을 상상할 수 있다. 고대 파피루스를 열심히 살피던 그는 문득 눈을 들어 우리를 바라보며 조용한 미소를 지은 채 라플라스가 나폴레옹에게 한 유명한 대답을 기다리고 있을 것이다. "폐하, 저도 그런 가설 따위는 필요 없습니다."

한 문제가 등장하는 장면이었다. 벼락은 제우스 신이 내린 것일까? 아니면 회오리바람에서 나오는 것일까?

전반적으로 보자면 그리스 세계와 초기 로마 제국의 다신교는 시대의 흐름 속에서 흔들리고 있었지만, 자연주의적 사고의 초기 형태들과 어느 정도 평화롭게 공존할 수 있었다. 그러나 이후 1,500년 동안 일신교가 득세하면서 다시 충돌이 불거졌다.

자연주의 지식과 종교적 사고가 본격적으로 충돌한 최초의 시기는 기독교가 권력을 잡은 직후인 후기 로마 제국이었다. 380년 테오도시우스 1세는 기독교를 로마 제국의 국교로 선포했다. 그리고 391년에서 392년 사이에 테오도시우스 칙령을 선포해 종교적 불관용을 공식화했다. 그것은 이집트의 파라오나 바빌론의 왕정, 미케네 문명 등의 신정정치로 회귀한 사건이었다.

일신교는 극단적 폭력을 휘두르기 시작했다. 당국의 명령에 따라 철학 학당이 폐쇄되었고, 고대 지식의 전당이 파괴되거나 교회로 탈바꿈했다. 수 세기 전 예루살렘에서 여호수아가 확립한 유대 일신교의 패턴이 반복된 것이다. 그리스의 아레오폴리스, 아랍의 페트라, 팔레스타인의 라파흐와 가자, 페니키아의 히에라콘폴리스, 시리아의 아파메아, 그리고 알렉산드리아에서 유혈 사태가 벌어졌다.

다름 아닌 알렉산드리아에서 말이다! 모든 일은 그보다 1,000년 전 알렉산드리아로부터 멀지 않은 곳에서 시작되었다. 나우크라티스는 밀레토스의 상인들이 파라오의 땅 이집트에 세운 최초의 무역 거점 도시였다. 파라오는 그리스 용병들의 지원에 힘입어 아시리아의 침입을 물리친 것에 대한 감사의 표시로 그 도시를 개방했다. 자유롭고 모험심이 가득했던 인도유럽인이 나우크라티스에서 이집트의 고대 지혜를 접하며 마술처럼 지식의 불꽃이 피어났을 것이다.

밀레토스의 유산을 이어받은 아테네는 한때 지성을 통해 세계를 이해하려는 꿈이 싹터 플라톤과 아리스토텔레스의 학파로 꽃핀 곳이었다. 아리스토텔레스의 젊고 활기찬 제자 알렉산드로스 대왕의 세계 정복은 그리스 지식의 불꽃을 널리 퍼뜨렸다. 그의 이름을 딴 도시는 고대 학문의 중심지가 되었다.

알렉산드로스 대왕 휘하의 장군이자 이집트 최초의 그리스 왕이었던 프톨레마이오스 1세는 아테네에 있던 아리스토텔레스의 유명한 장서를 그 도시로 옮겨가 고대 지식의 가장 중요한 기관인 알렉산드리아 도서관과 왕실 부속 연구소 무세이온을 설립했다. 이 도서관은 전 세계의 문서를 수집하고 소장했다. 알렉산드리아 항구에 정박한 모든 배는 싣고 온 모든 책을 도서관에 두고 가야 했고, 이를 지키지 않은 선장은 사형에 처했다. 그 배들은 원본의 필사본만 싣고 돌아갈 수 있었다. 오늘날 대학교의 전신과도 같은 무세이온에는 국가에서 봉급을 받으며 지식의 전 분야를 연구하는 학자들이 있었다.

유클리드기하학, 지구의 크기를 재는 지식, 광학, 기초 해부학, 정역학, 기초 천문학 등 현대 기초 학문의 절반은 이곳에서 시작되었다. 아르키메데스가 자료를 요청하는 서신이 도착한 곳도, 천체의 운동에 대한 정확한 수학 법칙이 발견된 곳도 알렉산드리아다.

초기 로마 제국은 위대한 알렉산드리아와 겨우 공존할 수 있었지만, 기독교가 국교로 공인된 이후로는 그렇지 않았다. 기독교인들은 고대 지혜의 산실이던 도서관을 불태우고 파괴했다.✝ 이교도들은 아폴로 신전으로 피신했다가 칼에 찔려 죽었다. 아스트롤라베[1]를 발명한 것으로 알려진 천문학자이자 철학자 히파티아도 415년에

✝ 수 세기 후에 칼리프(이슬람교의 지배자) 우마르가 알렉산드리아 도서관을 파괴했다고 알려졌으나 이는 사실이 아니다.

1 천문 관측 기구.

 과학하는 인간의 태도

기독교 광신도들의 공격에 목숨을 잃었다. 그는 무세이온의 마지막 회원으로 알려진 테온*Theon*의 딸이었다.

그리스 상인들이 나우크라티스에 도착한 지 1,000년이 지나고 기독교가 득세하자 지식의 빛은 꺼지고 만다. 게다가 현실은 이보다 더 참혹했을 가능성도 있다. 앞서 설명한 비극적 사건들은 오직 기독교 문헌만을 통해 전해지며, 나머지 이교도 문서는 모두 불타 지금은 남아 있지 않다. 일신교의 신은 "나 외에 다른 신을 두지 말라"라고 명한 질투의 신이다. 그는 이후로도 여러 차례 자신을 거스르는 모든 것을 폭력으로 제압하고 파괴했다.

기독교화된 로마 제국의 반지성적 폭력은 수 세기 동안 이성적 사고의 발전을 질식시키는 데 성공했다. 기독교의 로마 제국 정복으로 고대 제국의 절대주의가 다시 고개를 들면서 1,000년 전 밀레토스에서 시작된 자유로운 사고는 막을 내렸다.

아낙시만드로스의 지적 대담함에서 비롯된 고대 사상의 흔적은 초기 기독교 황제들의 분노를 피해 살아남은 몇 안 되는 사본에 묻혀 있었다. 그리고 이 문서의 가치를 알아본 인도와 페르시아, 이슬람 학자들의 손을 거치며 후대에 전수되었다. 알바타니, 투시, 이븐 알샤티르 등의 이슬람 수학자와 천문학자들은 고대의 지혜를 더

욱 발전시키기도 했다. 그러나 코페르니쿠스 이전까지
는 아무도 아낙시만드로스가 남긴 지혜의 본질을 간파
하지 못했다. 지식의 길을 개척하는 진정한 방법은 스승
을 경외하고 가르침을 받드는 것만으로는 부족하며, 스
승이 저지른 오류도 찾아내야 한다.

✤ ✤

이성적 사고와 현대 과학은 갈릴레오에서 다윈에 이
르기까지, 그리고 훨씬 더 큰 규모에서는 프랑스혁명에
서 러시아혁명에 이르기까지 종교적 사고와 끊임없이
충돌해왔다. 종교의 이름으로 혹은 종교에 반대한다는
명분으로 끝없이 되풀이된 폭력이 유럽을 피로 물들인
역사를 이 책에서 모두 설명하기는 적절하지 않다.

17세기 유럽인은 각자 '진정한 신'의 이름으로 서로 학
살을 일삼았다. 이런 끔찍한 종교전쟁으로 유럽이 황폐
해진 이후 계몽주의는 종교의 중심성에 반기를 들고 다
양한 사상과 신앙, 이성적 사고와 종교적 사고가 평화롭
게 공존할 수 있다는 아름다운 유산을 남겼다.

19세기와 20세기에 걸쳐 계몽주의 시대로부터 물려받
은 이런 공존의 정신은 종교를 유동적이고 흐릿하나 분

명히 효과가 있는 경계에 가둘 수 있었다. 종교는 이제 좁은 영역, 예컨대 신자 개인의 영성이나 실존적 동기, 윤리와 도덕성의 기준, 사적 역할과 공적 역할 사이의 균형을 찾는 노력, 결혼식이나 장례식 같은 의례 등으로 제한되었다.

지식 분야에서 종교는 좀 더 일반적인 질문('세계는 왜 존재하는가?')이나 자연주의 사고가 다루기 어려운 문제('의식이란 무엇인가?')로 제한되었다. 이렇게 종교와 이성을 나누는 서구식 구분법은 제국주의를 매개로 나머지 세계에 전파되었다. 오늘날 우리는 이 방식에 익숙해져 있다.

그러나 종교계는 이런 구분법을 쉽게 받아들이지 못하는 경우가 있다. 최근 이탈리아 가톨릭교회가 정치적 발언을 서슴지 않는다거나 미국에서 기독교 우파가 득세하는 현상 등이 대표적 사례다. 그들이 반발하는 것은 이런 영역 구분이 어떤 면에서는 진리의 수호자를 자처하는 그들의 최종적 근거, 즉 일신교의 본질과 모순되기 때문이다. 현대 문명은 불확실성에 기반을 두고 결론이 나지 않는 토론을 벌이고 있다. 한편에서는 모든 관점이 동등하다는 민주주의적 타협을 주장한다. 다른 편에 서 있는 종교적 사고는 다른 사고방식과 공존하는 법을 마지못해 받아들인다. 그러나 로마, 리야드, 워싱턴, 그리고 테헤란에 있는 종교 근본주의자들은 지금도 자신들이 최종적 진리의 수호자라고 여기며, 자신을 반대하는 이들은 모두 악이라는 관점을 버리지 않고 있다.

✛ ✛

이론적으로 이성적 사고와 종교적 사상 사이의 타협을 모색하는 것은 기독교 사고가 진화한다는 증거가 될 수 있다. 성 아우구스티누스에서 성 토마스 아퀴나스에 이르는 교부들이 품었던 타협의 정신이 현대적으로 승화한 모습이다. 현대 과학자의 눈에 그런 노력은 절박하면서도 비극적인 웅장함이 느껴지는가 하면, 불가능할 것 같은 구분을 찾기 위해 간신히 이성을 붙잡고 있는 애처로운 모습으로 보이기도 한다.

가끔은 기괴해 보이기까지 한다. 아우구스티누스는 《신국론》에서 이성을 거스르지 않으려 안간힘을 쓰면서 다음과 같은 문제를 자세히 논의한다. 최후의 심판이 닥친 날에 죽은 자들이 부활하면 자신의 몸과 살을 되찾을 것이다. 그런데 만약 식인종에게 먹힌 사람이 부활하면 그 살은 식인종의 몸이 될까? 아니면 먹힌 사람의 일부가 될까?✛ 당대 최고의 지성인이었던 아우구스티누스가 이런 문제에 지성을 낭비했다니 안타깝기 그지없다.

결국 종교와 이성 사이의 충돌은 해결할 수 없다. 고대와 현대를 막론하고 과학은 많은 면에서 종교적 정서의 테두리를 벗어나지 않으며 평화롭게 발전해왔다. 탈레스는 제우스 신에게 황소를 제물로 바치고, 뉴턴이 시공간에 관해 새로운 개념을 소개할 때도 신을 분명히 언급한다. 종교적 지식과 이성적 지식은 한 사람의 머릿속에서 사이좋게 공존할 수 있다. 맥스웰 방정식을 푸는 지식과 신이 하늘과 땅을 창조했으며 세상 끝에는 심판의 날이 오리라는 믿음은 아무 모순 없이 공존할 수 있다.

그러나 더 깊은 모순은 해결되지 않은 채로 남아 있으며 언제든 다시 고개를 쳐들 수 있다. 충돌을 피할 수 없는 이유는 두 가지다. 먼저 표면적 이유로는 신의 영역과 과학의 영역을 구분하는 경계가 어디인지가 항상 논쟁의 대상이라는 점을 들 수 있다. 그러나 더 본질적인 두

✛ 길고 긴 고민 끝에 나온 답은 식인종이 아니라 먹힌 사람의 몸이 된다는 것이었다. 그 논리를 내가 제대로 이해했다면 식인 행위는 죄이므로 사람의 살이 식인종의 몸에 들어 있어도 '정당하게' 들어간 것은 아니다. 따라서 비록 이 땅에서는 식인 행위를 할 수 있었어도, 최후의 심판 날에는 응당한 벌을 받는다는 것이다.

번째 이유가 있다. 신화와 종교의 사고는 절대로 의심할 수 없는 절대적 진리를 가정하는 데 반해, 과학적 사고의 본질은 의심할 바 없는 진리조차 서슴없이 비판하는 태도라는 것이다. 따라서 아무리 시간이 지나도 양측의 충돌이 완전히 해소되지는 않을 것이다.

한편에는 유일한 진리를 안다는 확신이 있다. 다른 편에는 우리의 무지를 인식하고 모든 확신을 끊임없이 의심하는 도전이 있다. 종교, 특히 일신교는 비판적 사고와 끊임없이 진화하는 생각을 당혹스러워한다. 하와는 지식의 나무에 열린 과실을 따먹었지만, 유일신의 눈에 그런 행동은 인류가 저지른 첫 번째 죄악이었다.

✛ ✛

오늘날에도 세상을 이해하는 참된 지식은 오직 신을 통해서 나온다고 믿는 사람이 전 세계 인구의 대다수다. 즉, 아낙시만드로스는 아직도 대다수 인류를 설득하지 못하고 있다.

이 대다수는 현실의 존재, 권력의 정당성, 윤리와 법의 기초가 오로지 신에 있다고 믿는다. 그들은 사적·공적 문제를 결정하기 위해 신의 뜻을 묻고 그것을 근거로 내세운다. 이란, 이라크, 그리고 미국을 비롯한 여러 나라의 정부는 전쟁을 선포하는 등 중요한 결정을 내릴 때 공공연히 신을 언급한다. 그들 모두 신은 자기 편이라고 확신한다. 미국의 몇몇 주에서는 종교적 지식에 의문을 제기한다는 이유로 진화론같이 명백하고 단순한 지식을 공립학교에서 가르치는 것을 금지한다. 최근 이탈리아에서도 진화론 교육을 금지하려는 시도가 있었다. 요컨대 우리는 전 세계 대다수 인구가 과학 지식을 유용하고 합리적인 것으로 받아들이면서도 여전히 신을 지식의 궁극적 기초로 여기는 문명에서 살고 있다.

또 다른 편에는 신이라는 개념을 아예 언급하지 않는 것이 세상을 이해하는 데 더욱 도움이 된다고 생각하는 사람들이 있다. 그들은 권력을 정당화하고자 신을 들먹여서는 안 되고, 윤리와 법의 기초도 신과 무관해야 한다고 믿는다. 그리고 국가의 중대한 결정을 신의 이름으로 정당화하는 행태는 케케묵은 구습이라고 여긴다. 그런 행태가 인류를 단결이 아니라 분열로 이끌었고, 평화보다 전쟁을 불러왔으며, 앞으로도 그러리라고 생각한다.

우리 문명의 중심에는 신과 그 역할을 두고 심각한 의견 차이가 존재한다. 성경과 쿠란을 문자 그대로 해석하는 태도부터 전투적 무신론에 이르기까지, 극단적 견해들과 그 사이에 다양한 입장이 있다.

아낙시만드로스가 제기한 문제는 여전히 해결되지 않았다. 신 없이 세계를 이해한다는 견해는 기원전 6세기 당시 대단히 급진적인 개념이었다. 이 개념은 이후 2,600년 동안 발전해온 철학과 과학에 엄청난 영향을 미쳤고, 근대정신의 가장 깊은 뿌리가 되었다. 그러나 아직 모든 사람이 이 개념을 받아들인 것은 아니다. 아마도 세계의 대다수가 이런 생각에 반대할 것이다.

세계를 자연주의적이고 과학적이며 합리적으로 이해하는 사고방식은 아낙시만드로스가 상상도 못 했을 정도로 큰 성공을 거두었다. 그리스—알렉산드리아 과학과 현대 과학이 아낙시만드로스의 구상을 받아들이고 확장, 완성, 발전을 거친 덕분에 현실의 수많은 측면이 깊고 자세하게 드러났다. 그 결과 현대인의 일상을 뒷받침하는 과학 기술도 탄생했다. 그러나 아낙시만드로스가 거리를 두었던 종교적 사고는 아직도 지구상에서 가장 보편적인 사고방식으로 남아 있다.

아낙시만드로스가 제기한 질문은 오늘날에도 중요한 시사점을 던져준다. 그 질문은 우리 문명을 분열시킨다. 우리는 신들의 변덕이나 유일신의 의지와 상관없이 현실과 복잡한 세계, 삶의 본질을 이해할 수 있을까?

11장

그럼에도 아름다운 이곳에서

그렇다면 신 없이 세계를 이해하자는 아낙시만드로스의 대담한 주장은 무엇을 뜻할까?

자연주의적 사고와 신화적·종교적 사고의 본질적 차이는 무엇일까? 신들을 언급하지 않고 자연을 이해한다는 개념은 왜 그토록 낯선 생각으로 받아들여졌을까? 반대로 생각해보면 아낙시만드로스 이전의 인류는 왜 항상 신을 통해 세상을 설명했을까? 사람들은 왜 신화적·종교적 사고와 거리를 두려고 할까? 과연 신은 어떤 의미일까?

이런 질문은 이 작은 책에서 다루기에 너무 크고 복잡할 뿐더러 나의 능력은 물론 어쩌면 인간의 지식수준을 넘어서는 문제일 것이다. 그러나 아낙시만드로스의 업적과 과학적 사고의 본질을 이해하기 위해서는 꼭 던져야 하는 질문이므로 이 장에서 조금만 다뤄보려 한다.

자연주의를 '초자연적 원인에 의존하지 않고 세상을

설명하는 방법'이라고 정의하면 다소 부족한 면이 있다. 초자연적 원인이 무엇인지, 그 원인이 만물에 편재하는 이유가 무엇인지는 설명해주지 못하기 때문이다. 종교적 관점으로 세상을 보는 것이 어떤 것인지 이해해야 그 반대의 태도를 이해할 수 있다. 신화적·종교적 원인이 무엇인지 모른 채, 신화적·종교적 원인 없이 세상을 이해하는 관점을 설명할 수는 없다.

신화적·종교적 사고의 역사에 관해서는 알려진 것이 거의 없다. 학자들에 따르면 인류의 종교 활동이나 의례는 대략 언어가 발달하기 시작한 20만 년 전으로 거슬러 올라간다고 한다.✝ 혹은 신석기혁명과 함께 등장했다고 보는 견해도 있다. 기원전 8000년경에 인류가 농사를 시작하고 인구가 성장하면서 최초로 한곳에 정착한 시기에 해당한다는 것이다. 그러나 지금까지 남아 있는 문헌과 이른바 '원시' 문화를 대상으로 한 인류학 연구에 따르면 종교적 사고는 고대 사회 전반에 보편적 사상이었다는 것이 정설이다.

✝　고고학자들이 스위스에서 둥글게 놓인 곰의 두개골들을 발견했는데, 이는 빙하시대 최후의 빙하기 뷔름 빙기(제4빙기)에 행해진 종교 의례 활동의 흔적으로 추정된다.

　과학하는 인간의 태도

미국의 인류학자 로이 라파포트는《인류를 만든 의례와 종교》라는 책에서 방대한 인류학적 증거를 바탕으로 지금까지 알려진 모든 문화에서 종교적 영역이 사회적·법적·정치적 정당성뿐만 아니라 세계를 인식하는 일관되고 보편적인 기초를 형성했다고 설명한다. 인류는 현상의 원인을 설명하기 위해 눈에 보이는 현상의 세계와 그 세계를 뒷받침하고, 정당화하며, 지침이 되는 또 다른 세계의 관계를 찾아 나섰다.

여기서 '또 다른 세계'란 신화적 시간, 태초, 혹은 우리와 다른 시간을 살아가는 신, 정령, 악마, 조상 또는 영웅들이 사는 곳이며, 신화적·종교적 모델로 단순화할 수 있는 '초자연적' 현상이 존재하는 영역이다. 이런 세계관은 수천 년 동안 인류에게 주어진 유일한 사고방식이었다. 종교적 사고의 보편성은 무수히 많은 변형에서 의심의 여지가 없다. 고대의 사고는 보편적으로 종교적 사고다.

종교적 사고가 그토록 보편적이었고 오늘날까지 이어진다는 점을 생각할 때, 이런 사고를 단순히 미신이나 잘못된 신념 체계로만 보는 태도는 그 생명력과 관련된 본질을 놓칠 위험이 있다. 이 힘은 무엇일까? 신은 그저 인간의 상상력에서 나온 존재가 아니라 인류의 인지적·사회적·심리적 경험을 체계화하는 어떤 본질의 상징인지도 모른다. 그것이 무엇일까? 아낙시만드로스의 주장과 정반대되는 그것은 무엇일까?

고대 사회가 또 다른 세계, 신들 혹은 다양한 신적 존재를 가정했던 이유야말로 사고의 본질과 역사에 관한 가장 중요한 질문이다. 그리고 이 질문은 아직도 답을 찾지 못했다.

이 질문에 대답하려는 시도는 많았고, 그런 노력으로 복잡한 전체 그림의 일면이 드러나기도 했다. 데모크리토스와 에피쿠로스, 루크레티우스의 시대까지는 인간이 종교를 찾는 이유에 관해 죽음에 대한 공포 때문이라는 설명이 지배적이었다(그러나 그것이 사실일까?). 통제할 수 없는 세상에 대한 공포, 자연의 장관 앞에서 느끼는 경외감, 이해할 수 없는 세계에 대한 본능적 반응, 영원에 관한 생각, 마지막으로 동어반복이지만 "인간은 원래 종교적이므로"라는 설명도 들 수 있다.

 과학하는 인간의 태도

　프랑스의 사회학자 에밀 뒤르켐은 종교를 고전적 인류학의 관점으로 본다. 그에 따르면 종교는 사회를 구조화하고, 종교 의례는 집단의 연대와 정신을 강화하는 메커니즘이다("토템이 신과 사회의 상징이듯이 종교도 마찬가지다. 종교란 곧 자신을 숭배하는 사회다"). 정치 권력이 종교를 이용하는 것이 아니라, 정치 권력이 곧 종교 권력이라는 것이다. 파라오는 신이다.

　마르크스의 해석도 있다. 그는 종교가 사회 전체의 이익을 대변하는 것이 아니라 소수의 지배계급이 나머지 계급을 다스리고 억압하는 수단일 뿐이라고 설명했다. 최근에는 종교의 기원과 함께 문명의 탄생에 종교가 담당한 역할을 설명하는 다양한 이론이 나오고 있다. 종교가 특정 집단과 개인에 경쟁 우위를 제공한다는 진화론적 가설부터 아무런 쓸모도 없는 사회적 부산물에 불과하다는 기생충론까지 등장했다.

　가정적이고 논란의 여지가 있음에도 가장 흥미로운 이론은 종교적 사고의 역사적 진화를 조명한 것이다. 1970년대에 미국의 심리학자 줄리언 제인스는 《의식의 기원》이라는 책으로 숱한 논쟁을 불러일으켰다. 그는 신이라는 관념이 고대에 시작되었다는 주장에 반대하며 그 기원을 약 1만 년 전인 신석기시대로 돌려놓았다.

초기 인류 집단은 주로 가부장적 가족 단위로 구성되었다. 오늘날에도 유인원 집단에서 볼 수 있는 구조다. 신석기혁명과 함께 일부 인류 집단은 점점 커졌고, 남성 지배자가 더 이상 각 구성원과 직접적 접촉을 유지할 수 없을 정도로 확장되었다. 즉, 모든 구성원이 서로를 알지 못할 정도로 커진 인류 집단이 바로 문명인 것이다.

제인스는 이런 집단이 해체되는 것을 막기 위해 등장한 해결책이 남성 지배자의 모습이 보이지 않더라도 그 목소리를 구성원 내면에 주입하는 것이었다고 주장한다. 왕이 죽더라도 그의 목소리는 여전히 들리고 숭배된다. 사람들은 왕의 시신을 가능한 한 오랫동안 보존하며 그 목소리를 이어간다. 그것은 나중에 신의 조각상으로 발전해 모든 고대 도시의 중심에서 받들어진다. 왕의 집은 신의 조상이 있는 집으로 여겨지며, 그곳은 곧 신전이 된다.✢ 이런 체제는 수천 년에 걸쳐 안정적으로 자리 잡으며 고대 문명의 사회적·심리적 구조를 규정한다.

✢　초기 도시 정착지의 고고학 유적은 모두 도심에 있는 신의 집 주변에 산재해 있다. 이런 구조는 기원전 7000년경 예리코와 아나톨리아의 하실라르 정착지, 기원전 5500년경 에리두에서 찾아볼 수 있다. 신의 집은 진흙 기단 위에 벽돌로 지어졌는데, 이는 나중에 메소포타미아의 계단형 탑인 지구라트로 발전한다. 이런 초기 종교 유적에서 고딕 성당까지 존재하는 놀라운 연속성은 멕시코, 중국, 인도의 고고학 유적에서도 비슷하게 발견된다.

　　　　과학하는 인간의 태도

이런 문명에서 신은 곧 왕이자 그 조상과도 같았다. 신은 여전히 생생한 과거의 왕을 떠올리는 추억으로 존재했다. 신의 목소리는 어디에나 있었다. 《일리아스》에서 알 수 있듯이 이 목소리를 듣는 것은 고대 문명의 구성원들이 모든 결정을 내리는 근거였다. 고대인은 현대인과 같은 복잡한 자의식이 없었다. 즉, 자신의 행위가 불러올 결과를 상상하는 내면세계가 없었다. 그 대신 사회적 규범과 신을 향한 순수한 염원을 반영하는 규칙이 있었다. 신은 상상의 발명품이 아니라 초기 문명의 인류가 세상을 살아가는 의지 그 자체였다.

제인스에 따르면 이런 체제는 기원전 1000년경에 정치적·사회적 격변을 맞이하며 위기를 겪는다. 인구의 대이동, 상업의 발전, 최초의 다민족 제국이 성립하는 등 여러 변화의 압력으로 붕괴했다. 다양한 집단 간의 혼란이 계속 확대되면서 신의 목소리는 점점 힘을 잃었다.

호메로스의 영웅들, 모세, 함무라비가 늘 듣던 신의 목소리는 점점 희미해져갔다. 나중에는 몇몇 피티아*Pythia*[1]를 통해서만 신의 목소리를 드물게 들을 수 있었다. 그리고 무함마드와 가톨릭교회의 성인들에게 그 흔적이

---

1   델파이의 아폴론 신전에서 신탁을 내리는 무녀.

이어지다가 결국 사라지고 말았다. 신들은 점점 더 먼 하늘로 물러났다. 인류는 격동의 세계에 홀로 남았다. 제인스는 이 시기를 아름다운 문체로 묘사한다. 신이 떠난 현실을 슬퍼하는 이 시기의 노래는 후대에도 계속 이어진다.

> 나의 신이 나를 버리고 사라졌다.
> 나의 여신은 실망을 안겨주고 멀리 떠났다.
> 나의 곁을 걷던 선한 천사도 떠나버렸다.[2]

제인스는 현대적 의미의 의식意識도 이런 새로운 고독에 맞서기 위해 진화한 수단이라고 주장한다. 이는 자아가 언어로 탈바꿈한 것으로, 사회집단의 수장이나 그의 목소리도 사라진 세상에서 복잡한 문제에 명확한 결정을 내리는 새로운 수단이 되었다.

역사, 철학, 사회학을 아우르는 프랑스의 학자 마르셀

2　메소포타미아의 시 〈루드룰 벨 네메키Ludlul bel nemeqi〉를 인용한 것이다. 제목은 '지혜의 주님을 찬양하리라'로 직역되며, 〈고난받는 의인의 시〉라는 별칭으로 더 알려져 있다. 구약의 욥기처럼 의로운 인간의 고난을 다뤄 '바빌로니아 욥기'라고도 불린다. 전문은 약 480행으로 추정되며 4개의 점토판에 기록되었으나 상당수가 훼손되었다.

고셰Marcel Gauchet는 《세계의 탈주술화The Disenchantment of the World》라는 책에서 또 다른 이론을 제시한다. 그의 주장은 제인스와 전혀 다른 문화적 환경에서 출발한다. 고셰는 인류가 신화적·종교적 사고에서 천천히 벗어났다고 설명한다. 과거 종교는 인류 전체의 경제를 지배했다. 종교는 인류의 물질적·사회적·정신적 그리고 정치적 삶을 하나로 묶었다. 그러나 이 기능은 수 세기가 지나는 동안 점점 약해졌다. 오늘날에는 정부가 과거 종교가 맡았던 정치적 역할을 거의 모두 대체했고, 종교는 개인의 경험이나 신념 체계와 같은 일부 영역으로 제한되었다.

고셰의 이론에서 흥미로운 대목은 일신교가 종교적 사고의 진화한 형태나 우월한 개념이 아니라, 오히려 고대 종교 구조의 중심성과 일관성이 서서히 해체되는 단계라는 점이다.

일신교의 탄생은 거대 제국의 성립 과정과 관련 있다. 최초의 제국은 여러 민족을 통합하면서 등장했다. 제국은 출신 지역의 신을 정체성으로 삼던 부족과 원시 사회 집단의 권력을 빼앗더니 멀리 떨어진 강력한 중앙 권력이라는 개념을 탄생시켰다. 한때 우세했던 신들과 숭배 대상의 자리를 유일신이 차지했다. 고대 이집트의 제4왕조에서는 태양신 라가 유일신에 등극했다. 메소포타미아에서는 바빌론으로 권력이 집중되자 여러 신 중에도 마르두크 신이 우뚝 섰다.

그러나 고대 다신교의 힘은 쉽게 사라지지 않았다. 유일신을 강요하려는 움직임도 있었다. 고대 이집트의 아멘호테프 4세는 태양신 아톤의 이름을 따 스스로 '이크나톤'이라고 자처했다. 그러나 성직자 계급이 격렬히 반발해 아멘호테프 4세가 사망한 후 즉각 다신교로 돌아갔고, 이후 고대 제국의 일반적 종교는 늘 다신교였다. 서구에서 가장 크고 안정적인 제국이었던 로마만이 유일신교를 완전히 강요할 수 있었다.

제국의 변방, 두 거대 제국 사이에 끼어 살던 유대 민족은 유일신교를 둘러싼 이런 긴장 관계를 기회로 봤다. 고서에 따르면 모세의 천재성은 경쟁하는 신들의 관계 즉, 민족 간의 권력 질서를 과감히 뒤집은 데 있었다. 아마도 유대 민족의 이집트 억류가 아멘호테프 4세가 일신교를 강요하려다가 실패한 시기와 맞아떨어졌던 것 같다. 그로부터 1세기도 채 지나지 않아 모세는 황제의 권력과 무관한 전지전능한 유일신의 존재를 주장했다. 그리고 그 신을 정치적으로 취약한 자기 민족의 강력한 저항 무기로 만들었다. 이스라엘은 이 무기를 내세워 이집트에서 탈출했고, 나중에는 바빌론에서도 풀려났다. 이

신은 유대 민족만의 신이 아니었다. 그는 황제가 그렇듯이 멀리 떨어진 채 모든 민족을 다스리면서도 그들을 똑같이 사랑하지는 않는 신이었다.

유대 민족은 일신교의 수호자가 되었다. 만유의 신(모든 존재를 관장하는 신)과 선택받은 민족 사이에는 개념적 모순이 있었지만, 이 모순은 언젠가 메시아가 온다는 믿음으로 해결되었다. 메시아는 유일신의 우월성을 회복하고 유대 민족이 만방을 다스리게 할 위대한 지도자다. 그러나 역사는 그렇게 흘러가지 않았다. 지중해 세계의 기나긴 통합 과정을 마침내 완성한 세력은 이스라엘이 아니라 로마였다.

로마 제국이 드넓은 세계를 안정시키자 고대 다신교 사상은 더욱 힘을 잃었다. 남은 것은 거대한 제국 내에서 개별 신들이 느끼는 고독뿐이었다. 제국에 속한 소수 민족들은 각자의 신을 중심으로 모여 있었다. 하지만 그들의 신은 정체성, 정당성, 권력, 그리고 지식을 대변하는 역할을 잃어버렸다. 그렇게 개별 민족의 정체성은 사라지고 오직 로마의 권력만이 중요해졌다.

고셰가 보기에 이런 불안한 상황에 맞서 만유의 신과 선민이라는 유대 민족 신앙의 모순을 해결한 이가 바로 예수 그리스도였다. 예수는 모세의 혁신적 전략을 답습하면서도 종교와 권력을 한 번 더 분리했다. 예수와 사도 바울은 '만유의 주재이면서도 제국의 권력과는 완전히 분리된 진정한 신'을 설파했다. 예수는 한발 더 나아가 다른 세계를 만들었다("나의 왕국은 이 세상에 속한 것이 아니다"). 그 세계에서는 가치의 층위가 권력의 층위와 반대되고, 멀리 있는 신이 정치 구조의 개입 없이 개인과 직접 만날 수 있다. 새로 등장한 이 세계는 개인적 영성의 영역이다. 아우구스티누스는 이 세계를 탐구해 놀라운 모습으로 확장한다. 교회는 정치와 유사한 구조로 등장해 인간이 세상을 이해할 수 있도록 돕는 역할을 대신했다. 그리고 그곳에서 사회나 정치로부터 자유로운 개인의 정체성이 만들어졌다.

그러나 정치 권력은 서둘러 이 간격을 메우고 새로운 정당성의 원천을 획득했다. 로마 제국이 기독교 국가가 된 것이다. 신 없는 권력은 권력 없는 신과 힘을 합칠 수밖에 없었고, 마침내 유일신교가 신정정치 체제의 기반을 재건했다. 하지만 그런 와중에도 균열은 지속되었다. 현대 사회를 탄생시킬 개인적 영성의 핵심은 이미 확립되어 있었다.

종교의 기원과 본질에 관한 최근의 연구들은 종교와 언어의 밀접한 상호의존성을 강조한다. 이런 연구들은 종교의 기원이 훨씬 먼 과거에 있으며, 종교가 인류 탄생에 핵심적 역할을 했다고까지 본다. 라파포트는《인류를 만든 의례와 종교》에서 의례 활동을 통해 모든 문화가 공유하는 종교성의 핵심을 파악할 수 있을 뿐만 아니라, 문명과 휴머니티*humanity*✚가 이런 활동에서 성장했다고 주장한다.

라파포트는 의례 기능을 통해 사회의 기초가 되는 정당성의 체계가 드러나고, 사람들이 소통하는 언어의 신뢰성이 나타난다고 본다. 각각의 사회는 여러 의례를 중심으로 구성되고 모인다. 심지어 동물의 세계에도 의례적 활동이 존재하며 주로 의사소통 기능을 담당한다. 인간의 경우에는 의례적 활동을 통해 언어의 기초가 만들어진다. 의례를 진행하는 동안 사람들은 어떤 기본적 발화(라파포트는 이를 '궁극적이고 신성한 공리'라고 부른다)를 계속 되된다. 그 문장을 거듭 말하면서 의미에 관해서는 전혀 생각하지 않는다.

다음은 기독교, 이슬람교, 유대교에서 낭송하는 기도문이다.

✚　휴머니티에는 다른 동물과 구별되는 '인류', 인간의 본성인 '인간성', 인간의 윤리적 가치인 '인간미'라는 세 가지 의미가 있다.

나는 한 분이신 하나님을 믿습니다.

알라는 위대하시고 무함마드는 그의 선지자입니다.

들어라, 이스라엘아, 주님은 우리의 하나님이시고 한
분이시다.

아메리카 나바호족이 종교 의례에서 읊던 기도문은
다음과 같다.

우리는 자라면서 아름다움과 조화의 길로 걸어간다.

힌두교, 자이나교, 불교, 시크교의 신성한 교리는 모두
한 음절로 표현된다.

옴*Om*.[3]

(앞의 문장들은 비록 완벽하지 않더라도 가장 대표적인 번역을
선택한 것이다.) 이런 진술이나 신념은 검증도 조작도 불

---

3   우주적 질서와 궁극적 실재를 상징하는 성스러운 소리.

    과학하는 인간의 태도

가능하다. 엄밀히 말하면 아무 의미가 없다. 그러나 의례 중에 이것을 반복해서 낭독하다 보면 마음속에 확신이 들고 신성의 기초가 형성된다. 세상에 질서를 부여하고, 사회에 정당성을 부여하는 모든 생각이 이런 신성에 바탕을 두게 된다.

언어는 단순히 현실을 반영하지 않고, 현실 자체를 만들어낸다. 결혼식 주례는 "이제 두 사람은 남편과 아내가 되었음을 선언합니다"라고 말한다. 논문 심사 위원회는 "귀하에게 박사 학위를 수여합니다"라고 말한다. 의회는 법안이 통과되었음을 선포하고, 판사는 유죄를 선고한다. 나폴레옹은 피라미드 아래에서 군인들에게 명예와 영광을 연설한다. 목사는 주일예배에서 설교한다. 그들은 모두 현실을 그대로 전달하지 않고, 언어를 통해 현실을 만들어낸다.

언어가 만들어낸 이 공간에서 여러 사회 활동이 일어난다. 부부가 되고, 박사가 되고, 죄인이나 성인이 되며, 한 나라의 국민(또는 어느 나라의 외국인)이 되고, 집단의 대표나 지도자가 된다. 이는 사회적으로 새로운 관계나 소속, 지위나 명성을 부여한다. 이 모든 일은 승인된(누가 승인했는가?) 사회 구성원이 언어로 발화할 때 비로소 현실이 된다. 법, 명예, 제도와 관련한 모든 일은 언어가 만들어낸 공간 속에서만 일어난다. 이 공간은 사회집단이 그 현실과 정당성을 인정하는 한에서만 존재한다.

이런 정당성이 발현되는 행위가 의례이며, 그 기초는 신성한 교리다. 의례와 교리는 신성한 공간을 구축해 그 공간에서 유래한 모든 것에 정당성을 부여한다. 의례에 참여하는 행동은 이런 정당성을 부여하는 행위에 동조하는 것이며, 의례에서 선언된 의미를 인정하는 것이다. 의례의 발화를 통해 생겨날 수도 있는 그 믿음에 머리로는 동의하지 않더라도 결과는 마찬가지다.

이 집은 당신의 집이고 나는 초대받지 않았으므로 들어가지 않는다. 당신이 그 집의 주인인 것은 남편으로부터 물려받았기 때문이다. 그가 당신의 남편인 것은 혼인 미사를 집전한 신부가 그렇게 선언했기 때문이다. 그가 신부인 것은 주교가 서품했기 때문이다. 그가 주교인 것은 교황이 임명했기 때문이다. 그가 교황인 것은 신이 선택했기 때문이다. 신이 존재하는 것은 내가 유일한 하나님을 믿기 때문이다. 그리고 내가 유일한 하나님을 믿는 것은 미사 때마다 그 말을 되뇌기 때문이다.

결국 내가 그 집에 들어가지 않는 것은 미사에 참석할 때마다 교우들과 함께 재확인한 약속 때문이다. 설령 미사 중에 딴생각만 하고 신부의 강론을 한마디도 믿지 않

　　　　　과학하는 인간의 태도

더라도 이 전체 구조에 내가 동조한다는 사실은 변함이 없다.

여기서 신부를 판사로, 교황을 의회로, 미사를 투표나 등교로 바꾼다고 해도 이런 구조는 크게 바뀌지 않는다. 인간은 의례를 반복하는 단순한 행동을 통해 사회적 약속을 끊임없이 재확인하는 동시에, 늘 불안하게 떠다니는 세상에 관한 인식을 단단히 붙잡아둔다.✛

종교의 본질에 관해 지금까지 살펴본 대강의 그림으로 알 수 있는 것은 이 문제가 얼마나 복잡하고, 우리가 모르는 것이 얼마나 많은가 하는 정도일 뿐이다. 진실을 알려면 이런 이론들을 여러모로 조합해서 좀 더 복잡한 서사를 상상해봐야 할지도 모른다.

어떤 식으로든 종교적 사고가 논리적·정신적 세계의 기능, 그리고 사회적 맥락과 밀접하게 연결되어 있음은

✛　인도 철학의 가장 오래된 문헌인 《브리하다란야카 우파니샤드》는 다음과 같은 구절로 시작한다. "새벽은 제물로 희생된 말의 머리다. 태양은 그 눈이고, 바람은 그 숨이며, 열린 입은 모든 존재에 깃든 불이다. 그리고 그 희생마의 몸 전체가 바로 1년이다." 이는 의례와 세계의 관계를 분명히 드러낸다.

분명해 보인다.

인류가 언어를 사용한 지는 10만 년이 넘었지만 말을 기록으로 남긴 기간은 과거 6,000년에 지나지 않는다는 점을 명심해야 한다. 우리는 10만 년 전 사람들이 서로 어떤 말을 하고 어떤 개념 구조를 시험했는지, 그리고 얼마나 많이 생각을 바꿨는지 결코 알 수 없을지도 모른다. 미래에 언젠가 이 문제에 관해 어떤 사실을 새로 알게 된다면 아마도 무척 놀랄 것이다.

중요한 점은 우리가 생각한 내용을 왜, 어떻게 생각했는지 모른다는 것이다. 우리는 다양한 생각과 감정이 일어나는 복잡한 과정을 모른다. 생각과 감정을 일으키고 표현하는 우리의 몸은 매우 복잡한 유기체이며, 이를 이해하는 능력은 제한적이다. 우리가 홀로 살아가는 존재가 아니므로 이 문제는 더욱 복잡해진다. 어쩌면 우리의 생각은 개인이 사회를 살아가면서 겪는 일이 머릿속에서 반복되는 것일지도 모른다. 우리가 생각하는 것이 아니라 생각이 우리의 머릿속을 지나가는 것일 수도 있다. 우리의 생각이 어떻게 만들어지는지 궁금해하는 것은 강 밑에 잠긴 돌이 어떻게 수면에 물결을 일으키는지 묻는 것과도 비슷하다.

의식, 자유의지, 영성, 신성 등의 개념은 우리의 내면

　　과학하는 인간의 태도

에서 일어나는 복잡한 과정을 나타내는 단어에 불과할지도 모른다. 나는 스피노자가 깨달았던 이 단순한 원리가 우리의 생각이라는 캄캄한 숲을 헤쳐나가는 나침반이 될 수도 있다고 생각한다.

이 책에서 우리는 아낙시만드로스 이후 2,600년 동안 인류가 저질렀던 수많은 생각의 오류를 드러내는 법과 제우스 신이 벼락을 내린다는 식의 확신을 경계하는 법, 그리고 오늘날에도 여전히 그런 생각을 버리지 못하는 사람이 많다는 사실을 배웠다.

그러나 우리 자신의 마음이 어떻게 작동하는지는 아직 모른다. 행동과 생각의 토대가 되는 확실한 근거를 찾으려 아무리 노력해도 그런 것은 존재하지 않는다는 사실만 확인한다. 오히려 그런 토대가 필요한지조차 우리는 모른다. 우리는 정작 우리에게 가장 중요한 개념을 모호하고 불확실한 채로 계속 사용하고 있다. 우리가 비합리적이라고 부르는 것은 우리 이성의 한계 때문에 알 수 없는 대상을 가리키는 암호다.

그렇다고 우리의 생각을 믿을 수도 없고 믿어서도 안 된다는 뜻은 아니다. 생각은 이 세상에서 길을 찾는 가장 좋은 도구다. 그 한계를 인정한다고 해서 의지할 수 없다는 것은 아니다. 예컨대 생각보다 전통을 믿는다면 지금보다 훨씬 원시적이고 불확실한 토대 위에서 살아야 할 것이다. 전통은 지금보다 무지했던 과거 사람들의 사고방식을 체계화한 것에 불과하다.

지난 수천 년 동안 축적된 증거는 인류의 생각이 천천히 진화해왔음을 보여주며, 그런 점진적 변화가 앞으로도 이어질 것이라고 예측할 수 있게 해준다. 고대의 지중해 세계와 중국, 인도, 멕시코, 남아메리카는 비슷한 형태의 다신교 신앙을 간직했다. 다신교가 사회집단과 밀접한 관계를 맺으며, 그것이 정치 권력의 속성을 띠는 점도 비슷하다. 이런 다신교는 이성과 자연주의적 태도를 일깨웠고, 고전적 민주정체를 발생시켰으며, 그 흐름은 근대에 이르러 과학 혁명과 시민 혁명 같은 모습으로 다시 나타나기도 했다. 한편 후기 로마 제국, 중세 유럽, 이슬람 세계에서는 신정정치 체제가 복원되는 과정을 보였다. 이렇게 상반된 두 흐름은 신화적·종교적 사고와 인간 이성의 자율성 사이를 오가는 거대한 움직임을 드러낸다.

광범위한 역사적 과정이 펼쳐지는 가운데 인류 사회에서 종교의 역할이 진화하고 있다. 이런 진화는 수백 년이 아니라 수천 년의 범위로 봐야 더 잘 이해할 수 있다. 그동안 사회적·정치적·심리적 구조, 나아가 인류가 지식을 탐구하고 자신을 생각하는 방식까지 심오한 변화를 겪는다. 아낙시만드로스의 자연주의적 주장은 훨씬 더 큰 역사의 한 장을 차지한다.

이제 처음으로 돌아가서 이오니아학파의 주장과 종교가 어떤 관계인지, 종교의 인지적 기능과 다른 기능의 차이는 무엇인지 살펴보자. 탈레스와 아낙시만드로스는 직접 종교에 의문을 제기한 것이 아니라 신에 관해 언급하지 않았을 뿐이다. 더 중요한 것은 그들이 모든 확신을 포기할 의지가 있었다는 점이다. 라파포트가 '궁극적이고 신성한 공리'라고 이름 붙인 것까지 포함해서 말이다. 그들은 우리가 무비판적 수용이라는 말뚝에 묶여 있고, 바로 그런 이유로 다른 곳으로 눈길을 돌리지도 진리에 더 가까운 것을 찾지도 못한다고 했다.

그러나 그런 탈레스조차 기꺼이 제우스 신에게 황소를 제물로 바친다. 하물며 우리가 종교의 다양한 기능을 구분할 수 있을까? 종교는 지식 탐구를 방해하지 않으면서도 심리적·사회적 기능을 발휘할 수 있을까? 우리는 수 세기 동안 종교적 사고가 담당하던 기능을 새로운 공간으로 대체하고 구시대의 믿음에 의문을 제기할 수 있을까?

이런 질문에 관해 현대 종교가 모두 똑같이 대답하지

는 않는다. 지식과 지성에 대한 그들의 태도는 다양하다. 세계의 나이가 6,000년을 넘지 않는다고 믿는 복음주의 기독교와 가톨릭, 절대적 교리나 권위에 의문과 비판을 허용해야 한다는 유니테리언, 믿음이란 허상에 불과하다는 불교에 이르기까지 각 종교의 태도는 너무나 다르다.

종교 내에서 자체적 개혁이 일어나기도 한다. 진리로 여겨지던 개념이 명백히 비상식적이라는 것이 드러나면 그것을 추상적 용어로 재해석하는 것이다. 과거에는 흰 수염을 길게 길렀던 신이 얼굴 없는 개인적 신이 되었고, 다음에는 영적 원리가 되었다가 마침내 우리가 감히 말할 수 없는 어떤 존재가 된다.

내 기도를 들어주는 신의 존재를 믿지 않는다고 해서 아침마다 바다를 바라보며 아름다운 세상을 노래할 수 없는 것은 아니다. 비이성주의를 거부한다고 해서 나무와 소통하며 마음의 평화를 느끼지 말라는 법은 없다. 나무는 영혼이 없다. 그러나 가장 가까운 친구를 대하는 것과 별 차이도 없다. 나는 친구에게 하는 것과 똑같이 나무에도 감정을 고백하고, 대화를 걸며, 그 과정에서 깊은 기쁨을 느낄 수 있다. 고통받는 친구의 아픔을 달래주듯이 메마른 나무에 물을 줄 수도 있다.

 과학하는 인간의 태도

삶과 세계의 신성을 인식하는 데 굳이 신이 필요하지는 않다. 삶의 가치를 깨닫고 죽을 때까지 그 가치를 지키겠다고 결심하는 일은 제3자의 보증이 없어도 할 수 있다. 우리가 이타적인 이유는 인류의 진화 과정에서도 충분히 찾을 수 있다. 그렇다고 우리가 자녀와 이웃을 덜 사랑하는 것은 아니다. 주변의 사물이 숨 막힐 정도로 아름답고 신비로울 때는 그저 조용히 감탄하기만 하면 된다.

우리의 지식을 인정해줄 외부인은 필요 없다. 그런 것이 왜 필요한가? 우리가 보는 단순한 세계에 대해서도 보장이 없다. LSD 환각제 100마이크로그램만 있어도 세상이 완전히 다르게 보일 것이다. 그것이 더 진실이라는 말이 아니라 그저 다르다는 것이다. 우리의 보잘것없는 지식으로는 세상이 신비로 가득 차 있다는 생각을 떨쳐버릴 수 없다. 그러나 신비로운 일은 주변에 늘 존재하고 강렬하므로, 그런 신비의 열쇠를 자기가 쥐고 있다고 주장하는 사람의 말을 쉽게 믿을 수는 없다.

불확실성을 받아들이고 새로운 지식을 택하려면 새로운 위험을 각오해야 한다. 익숙한 방식을 포기한 문명은 새로운 위험에 노출된다. 산업 혁명으로 온난화한 지구는 인류에 중대한 위험이다. 그러나 전통적 방식은 이런

위험으로부터 우리를 지켜주기는커녕 오히려 위험을 증
폭시킨다. 마야, 그리스, 로마 제국 등 고대의 위대한 문
명이 약해지고 무너진 이유는 스스로 초래한 생태적 불
균형이었을 것이다. 그들은 현대를 사는 우리와 달리 무
슨 일이 일어나고 있는지 이해하고 자구책을 마련할 수
단이 없었다. 지성이 재난으로부터 우리를 구해준다는
보장은 없지만, 지금 우리 손에 들고 있는 최선의 방책인
것은 분명하다.

프랑스 철학자 앙리 베르그송은 종교는 지성의 파괴
적 힘에 맞서는 사회의 방패라고 말했다. 그러면 무지의
파괴적 힘으로부터 우리를 지켜주는 이는 누구인가? 마
야 세계가 뱀 형상의 창조주 구쿠마츠 신을 믿어서 구원
받았는가? 태양신 위칠로포치틀리는 아즈텍인을 구원
해줬나? 영국의 문화인류학자 그레고리 베이트슨은 이
성적 지식만으로는 사고가 선택적이고 부분적일 수밖에
없으며 전체를 볼 수 없다고 주장한다. 그것이 비록 사실
이라고 해도 모든 인간의 태생적 한계이며, 그런 점에서
라면 비이성적 지식이 더 심각한 것이 분명하다. 우리의
한계를 인정하고 모든 지식을 통합해야만 더 나은 길을
찾을 수 있다.

현대 세계의 이런 강력한 비이성적 경향에는 일반적

　　　　과학하는 인간의 태도

오해가 도사리고 있다. 이성적 개인은 이기적이라는 생각이 그것이다. 나아가 이성적 사고를 길들여야만 공동체의 목표를 받아들여 사교적·이타적으로 행동할 수 있다는 것이다. 이런 생각에는 심각한 오류가 있다. 왜 이기적 행동이 더 이성적이라고 생각할까? 개인적 욕구를 충족하려는 성향이 우리 유전자에 각인되어 있다면, 이타성과 사교성도 마찬가지다. 우리는 선물을 받으면 행복하지만 선물을 줄 때 더 기분이 좋다. 부자가 되면 행복해지겠지만, 가난을 몰아내면 사회 전체가 더 행복해질 수 있다. 인간은 원래 이기적이고 타인에 적대적이라는 가정은 비이성적이다. 인간이 얼마나 복잡한 존재인지 전혀 고려하지 않은 견해이기 때문이다.

오히려 비이성적 충동이야말로 이타성과 거리가 멀다. 현대인이 거의 문명을 지탱하는 힘으로 떠받드는 전체성과 공동체 정신인 순수한 비이성적 사고가 1930년대 독일에서는 나치 이데올로기를 키워냈다. 수 세기 전 유럽에서는 영혼을 구원받고 싶다는 독실한 비이성적 욕망이 수천 명의 여성을 마녀로 몰아 화형에 처했다.

3,000년 전 인류는 의문을 제기하지 않는 절대적 사고 체계와 그에 따른 복잡한 규칙과 금기, 권력 구조를 만들어냈다. 어떻게 그런 체계가 만들어졌는지 지금 우리는

알 수 없다. 그러나 현실은 변화한다. 수 세기가 흐르면서 인류의 정치, 정신, 개념 구조는 완전히 바뀌었다. 이제 우리는 정치 구조에 정당성을 부여하기 위해 파라오를 숭배할 필요가 없다. 비가 내리고 천둥이 치는 이유를 제우스 신의 힘으로 설명하지 않아도 된다. 인류는 불확실성을 과감히 받아들인 덕분에 현대 세계를 구축했다. 오늘날의 세계는 과거에 살았던 사람들의 꿈이 실현된 결과다. 미래는 오직 우리의 자유로운 꿈에서만 탄생할 수 있으며, 그러려면 과거를 버려야 한다.

아낙시만드로스는 고대의 사고에서 벗어나 겨우 한 걸음 걸어갔을 뿐이다. 우리는 이 걸음이 어디로 향하는지 모른다. 그가 진짜 발견한 것은 비가 내리는 이유가 아니다. 중요한 것은 우리의 생각이 틀릴 수 있고, 실제로 매우 자주 틀린다는 사실을 아는 것이다.

세계는 우리가 만들어낸 단순한 이미지보다 무한히 더 복잡하고, 우리의 생각도 마찬가지다. 세계와 우리의 생각 사이에 경계선이 어디 있는지 자체가 수수께끼다. 우리의 감정, 사회성, 심리도 상상할 수 없을 정도로 복잡하다. 우리는 양자택일해야 한다. 속이 텅 빈 진실 안에 숨든, 지식이 불확실하다는 점을 인정하든, 선택은 우리의 자유다. 마치 지구가 허공에 떠 있는 것과 같은 자

유다. 어느 쪽을 선택하든 정확하고 효과적이지만 절대
적 기초란 없다는 점을 알아야 한다. 이런 방식으로 이해
하고, 우리의 오류와 무지를 깨닫고, 지식을 넓히고, 자
유롭게 번영하고 성장할 수 있다. 나는 불확실성을 기꺼
이 인정한다. 불확실성은 세계를 알게 해준다. 그것이 더
가치 있고, 더 정직하고, 더 진지하고, 더 아름답다.

기원전 1500년경에 기록된 고대 인도의 가장 오래된
문서인《리그베다》는 이런 가르침을 남겼다.

세상이 언제, 어떻게 창조되었는지 그 누가 알 것인가?
신들은 이 세상이 창조된 후에 나왔다.
그런데 세상이 창조된 시기를 어떻게 알 수 있겠는가?
이 창조의 첫 번째 근원인 그는
만물의 형체를 부여했든 하지 않았든
천상에서 내려다보며 만유를 주재하므로
진실을 알거나 혹은 알지 못할 것이다.

아낙시만드로스의 유산

지금까지 아낙시만드로스가 이룩한 업적을 현대 과학자의 관점으로 살펴보고 과학적 사고의 본질을 몇 가지 이야기해봤다.

아낙시만드로스는 근대성의 기원이 되는 인간적 사고의 거인으로 우뚝 서 있다. 그는 자연을 탐구한다는 개념을 창조했으며, 그의 업적 위에서 모든 과학 혁명이 일어났다. 이런 전통이 이어지는 문장 형식조차 그가 창안한 것이다. 그는 자연 세계를 이성의 눈으로 바라본 최초의 인물이었다. 인류가 생각을 통해 사물의 세계와 그들 사이의 관계를 인식하고자 한 것은 오로지 그의 공로다.

그레이엄은 이렇게 말했다.

아낙시만드로스의 구상은 그의 계승자들에 이르러 무한히 발전할 수 있는 원대한 계획이 되었다. 이 계획은 현대에 와서 지금까지 알고 있던 가장 위대한 지식의 진보를 이룩했다. 어떤 의미에서 그의 개인적 구상이 전 세계의 지식 탐구 활동으로 발전한 것이다.

아낙시만드로스는 최초의 지리학자다. 생명체가 시간이 흐르면서 진화했을 가능성을 처음으로 고민했다는 점에서 최초의 생물학자이기도 하다. 또, 이성을 통해 천체의 운동을 연구하고 기하학적 모델로 재구성하고자 한 최초의 천문학자였다. 그는 과학 활동의 근간이 되는 두 가지 개념적 도구를 최초로 제안한 사람이다. 시간이 지나면 반드시 변화가 일어난다는 자연법칙 개념을 도입하고, 현상의 세계를 이해하는 데 사용되는 가설을 새로운 실체라는 이론적 용어로 부른 이도 그다. 가장 중요한 것은 그가 과학적 사고의 기초인 비판의 전통을 열었다는 점이다. 스승의 길을 따르면서도, 스승의 실수를 과감히 지적하는 전통은 그로부터 비롯되었다.

마지막으로, 아낙시만드로스는 과학사 최초의 위대한 개념 혁명을 이룩했다. 그는 처음으로 세계의 지도를 완전히 다시 그렸다. 낙하체의 방향이 아래라는 상식을 뒤집어 새로운 세계상을 제시했다. 우주는 위아래로 이뤄져 있지 않고 지구가 허공에 떠 있다는 그림이다. 그의 발견은 현대 우주론의 모태이자 이후 수 세기에 걸쳐 서구 세계의 성격을 규정한 최초의 과학 혁명이었다. 더 나아가 과학 혁명을 이룰 수 있다는 가능성 자체를 발견한 것이 중요하다. 세계를 이해하기 위해서는 기존의 세계관이 잘못되었을 수 있음을 인정하고 다시 만들어갈 수 있음을 깨달아야 한다.

이것이 과학적 사고의 가장 중요한 특징이다. 우리가 가장 잘 안다고 생각했던 것이 사실과 다를 수도 있다. 과학적 사고는 세상을 새롭게 개념화하는 방법을 끊임없이 찾는 태도다. 현재의 지식을 존중하면서도 언제든 처음부터 다시 생각할 수 있다는 태도다. 이것이야말로 아낙시만드로스가 세계 문명에 남긴 가장 풍부한 유산이자 중요한 업적이다.

탈레스와 아낙시만드로스가 시작한 저항은 수천 년 동안 인류의 사고를 지배한 신화적·종교적 사고에서 벗어나 세계를 이해하는 도전이다. 신을 고려하지 않고도 세계를 이해할 수 있음을 깨닫는 순간 인류의 새로운 가능성이 열렸다. 그러나 2,600년이 지난 지금도 허공에 떠 있는 이 작은 행성의 대다수 사람은 그런 가능성을 두려워하고 있다.

아낙시만드로스가 열어준 세계의 끊임없는 재해석 작업은 장대한 모험이다. 이 모험이 두려운 것은 우리의 무

          과학하는 인간의 태도

지를 깨닫고 인정해야 하기 때문이다. 무지를 알아차리고 받아들이는 것이야말로 지식으로 가는 지름길일 뿐 아니라 가장 정직하고 아름다운 길이다. 우리의 지식은 지구와 마찬가지로 허공에 떠 있다. 우리가 알던 지식이 금세 뒤바뀌고 불안한 마음이 들더라도 삶은 무의미한 것이 아니라 오히려 더 소중해진다.

이 모험이 어디로 향하는지 우리는 모른다. 과학적 사고는 기존의 지식을 비판적으로 수정하고 모든 믿음에 저항할 수 있다는 생각을 열어주고, 새로운 세계상을 탐구하고 창조할 수 있게 해줬다. 과학적 사고는 천천히 진화하는 인류의 역사에서 중요한 한 장을 차지한다. 이 장은 아낙시만드로스가 열었고, 지금 우리가 이어받았으며, 앞으로 어떻게 펼쳐질지 흥미진진하게 바라보고 있다.

| 그림 14 | 지구는 실제로 허공에 떠다니고 있다.
〈푸른 구슬The Blue Marble〉, 미국 항공우주국NASA 제공.

참고 문헌

1   아낙시만드로스에 대한 풍부한 문헌은 다음 링크를 참고하라.
www.dirkcouprie.nl/Anaximander-bibliography.htm

2   밀레토스 역사에 대한 개괄과 문헌은 다음 링크를 참고하라.
http://www2.ehw.gr/asiaminor/forms/fLemmaBodyExtended.
aspx?lemmaID=8177

3   Nicola Abbagnano, *Storia della filosofia*, I, II, 7.

4   Augustin, *De Civitate Dei*.
www.fh-augsburg.de/~Harsch/Chronologia/Lspost05/
Augustinus/aug_cd00.html

5   Anaximandre, *Fragments et Témoignages*, Marcel Conche 책임편집,
Presse Universitaire de France, Paris, 1991. 비판적 해설을 포함한
고대 자료 선집.

6   Aristote, *Du Ciel*.
www.greektexts.com/library/Aristotle/On_The_Heavens/eng/
index.html

7   Jonathan Barnes, *The Presocratic Philosophers*, Routledge and Kegan
Paul, 1979.

8   Gregory Bateson, *Steps to an Ecology of Mind*, Ballantine, New York,
1972.

9   Henry Bergson, *Les deux sources de la morale et de la religion*, 1935.
classiques.uqac.ca/classiques/bergson_henri/deux_sources_
morale/deux_sources_morale.html

10   Horst Blanck, 'Anaximander in Taormina', *Mitteilungen des
deutschen archäologischen Instituts*, 104, 1997, pp. 507-511.

11   Jean Bottéro, Clarisse Herrenschmidt, Vernant Jean-Pierre,
L'Orient ancien et nous : L'écriture, la raison, les dieux, Éditions Albin
Michel, Paris, 1996. 고대 중동 문화에 관한 세 편의 깊이 있는 논문.

12   'Br̥hadāraṇyaka Upanishad', *The Thirteen Principal Upanishads*, Robert Ernest Hume 번역, Oxford University Press, 1931.

13   Joseph Campbell, *Renewal Myths and Rites of the Primitive Hunters and Planters*, The Eranos Foundation, Spring Publications, 1989.

14   Marco Tulio Cicéron, *Academicorum priorum, liber II*. individual.utoronto.ca/pking/resources/cicero/acadprio.txt

15   Marc Cohen, *History of Ancient Philosophy*, University of Washington, 2006. 온라인 강의 노트. faculty.washington.edu/smcohen/320/320Lecture.html

16   Giorgio Colli, *Sagesse grecque : Épiménide, Phérécyde, Thales, Anaximandre*, tome 2, Éditions de l'Éclat, 1992.

17   Dirk L. Couprie, *Anaximander*, Internet Encyclopedia of Philosophy. 잘 정리된 입문용 글이며, 그 안의 몇몇 생각은 내가 이 책에서 제시한 관점과 부합한다. www.iep.utm.edu/a/anaximan.htm.

18   Dirk L. Couprie, 'The Visualization of Anaximander's Astronomy'. *Apeiron*, 28, 1995, pp. 159-181.

19   Dirk L. Couprie, Robert Hahn, Gerard Naddaf, *Anaximander in context : new studies in the origins of Greek philosophy*, State University of New York Press, Albany, 2003.

20   Hermann Diels, Walther Kranz, *Die Fragmente der Vorsokratiker*, Weidmannsche, Berlin, 1951. 소크라테스 이전 철학자들에 대한 원전 자료 주요 선집.

21   Diogene Laërce, *Vitae philosophorum*, Oxford University Press, 1964.

22   Émile Durkheim, *Les formes élémentaires de la vie religieuse*, Presses Universitaires de France, Paris, 1968(1915). 종교인류학의 대표적 고전.

23   Jean-Paul Dumont, *Les Présocratiques*, Gallimard, 1988.

24   Mircea Éliade, *Traité d'histoire des religions*, Payot, Paris, 1949.

종교현상 해석에 관한 또 하나의 대표적 고전.

25 Hérodote, *Histoire*, P. E. Legrand 편 이중언어판, Les Belles Lettres, Paris, 1932.

26 Benjamin Farrington, *La scienza nell'antichità*, Longanesi, Milano, 1978.

27 Paul Feyerabend, *Contre la méthode*, Seuil, Paris, 1956.

28 Richard P. Feynman, *Nobel lecture*, 1965.
http://nobelprize.org/nobel_prizes/physics/laureates/1965/feynman-lecture.html

29 David H. Fowler, *The Mathematics of Plato's Academy : A New Reconstruction*, Clarendon Press, Oxford, 1999.

30 Marcel Gauchet, *Le désenchantement du monde*, Gallimard, 1985.

31 Daniel W. Graham, *Explaining the Cosmos*, Princeton University Press, Princeton, 2006. 이오니아학파의 과학철학 전통을 훌륭하게 소개한 저작.

32 Jamblique, *Vie de Pythagore*, L. Brisson과 A. Ph. Segonds 번역, Les Belles Lettres, Paris, 1996.

33 Julian Jaynes, *The Origin of Consciousness in the Breakdown of the Bicameral Mind*, Houghton Mifflin, Boston, 1976. 문명 탄생에서 신들의 역할에 관한 논쟁적 가설.

34 Abel Jeannière, *Les Présocratiques. L'aurore de la pensée grecque*, Le Seuil, Paris, 1996.

35 Charles H. Kahn, *Anaximander and the origins of Greek Cosmology*, Columbia University Press, New York, 1960. 아낙시만드로스 원전 자료와 그 신뢰성을 엄밀하게 검토한 비판적 분석을 덧붙인 저작.

36 Charles H. Kahn, 'On Early Greek Astronomy', *Journal of Hellenic Studies*, 90, 1970, pp. 101-109. 황도 경사각 측정의 업적을 아낙시만드로스에게 귀속시키는 문제를 다룬 연구.

37 Geoffrey Stephen Kirk, John Earle Raven, Malcolm Schofield,

The Presocratic Philosophers, Cambridge University Press, 1983.

38 Maurice Godelier, *Antropologia, Storia, Marxismo*, Guanda, Parma, 1974.

39 W. K. C. Guthrie, *A History of Greek Philosophy*, Vol. I-II, Cambridge, 1962.

40 Robert Lahaye, *La Philosophie ionienne. L'École de Milet*, Éditions du Cèdre, Paris, 1966.

41 Gérard Legrand, *Les Présocratiques*, Bordas, Paris, 1987.

42 Geoffrey E. R. Lloyd, *Early Greek Science : Thales to Aristotle*, W. W. Norton & C, New York, 1970. 고대 그리스 과학을 다룬 대표적 고전 저작.

43 Geoffrey E. R. Lloyd, *The Ambition of Curiosity*, Cambridge University Press, Cambridge, 2002. 그리스와 중국의 지식 발전 비교 연구.

44 James McClenon, 'Shamanic healing, human evolution, and the origin of religion', *Journal for the Scientific Study of Religion*, 36, 1997, pp. 345–354. 종교인류학에 관한 진화론적 접근.

45 John Stuart Mill, *On Liberty*, Courier Dover Publications, 1860, p. 18.

46 Arthur I. Miller, 'The Myth of Gauss' Experiment on the Euclidean Nature of Physical Space', *Isis*, Vol. 63, No. 3, 1972, pp. 345-348.

47 Karl Popper, *The world of Parmenides : Essays on the presocratic enlightenment*, Arne F. Petersen 편집, Routledge, 1998.

48 Lisa Raphals, 'A "Chinese Eratosthenes" Reconsidered : Chinese and Greek Calculations and Categories', *East Asian Science, Technology and Medicine 19*, 2002, pp. 10-61.

49 Roy A. Rappaport, *Ritual and Religion in the Making of Humanity*, Cambridge University Press, Cambridge, 1999. 종교인류학의 새로운 고전으로 평가받는 저작.

50   John Mansley Robinson, *Introduction to Early Greek Philosophy*, Houghton Mifflin School, 1968.

51   Carlo Rovelli, *Par delà le visible : La réalité du monde physique et la gravité quantique*, Odile Jacob, 2015.

52   Carlo Rovelli, *L'ordre du temps*, Flammarion, 2019.

53   Carlo Rovelli, *Sept brèves leçons de physique*, Odile Jacob, 2015.

54   Carlo Rovelli, *Écrits vagabonds*, Flammarion, 2019.

55   Vernon Reynolds, Ralph Tanner, *The Social Ecology of Religion*, Oxford University Press, New York, 1995.

56   Carl Roebuck, 'The Early Ionian League', *Classical Philology*, Vol. 50, No. 1 (Jan., 1955), pp. 26-40.

57   Lucio Russo, *La rivoluzione dimenticata*, Feltrinelli, Milano, 1996. 알렉산드리아 과학에 관한 방대한 정보를 열정적으로 집약한 저작으로, 수학을 전공한 저자의 과학적 전문성을 바탕으로 그 복잡성과 풍요로움을 선명하게 드러낸다. 이 저작은 그러한 전문성이 결여될 때 내용에 관한 오해와 고대 과학의 중요성에 관한 과소평가가 어떻게 발생하는지를 보여준다. 고대 과학을 이해하는 데 중요한 저작이다.

58   Lucio Russo, *Flussi e riflussi*, Feltrinelli, Milano, 2003. 조석潮汐에 관한 고대 지식을 다룬 짧은 저작으로, 이러한 지식이 17세기 과학의 부흥에 미쳤을 가능성 있는 영향을 논한다.

59   James T. Shotwell, *An Introduction to the History of History*, Columbia University Press, New York, 1922.

60   Lee Smolin, *The Life of the Cosmos*, Oxford University Press, New York, 1997.

61   E. A. Speiser, 'Genesis : Introduction, translation and notes', *The Anchor Bible*, Doubleday, New York, 1964.

62   Emmanuel Testa, 'Legislazione contro il paganesimo e cristianizzazione dei templi nei secoli IV e V', *Studium Biblicum Franciscanum*, Liber XLI, Jerusalem, 1991, p. 311. 198.62.75.1/www1/ofm/sbf/SBFla91.html

63   Carlos Ulises Moulines, *La philosophie des sciences, l'invention d'une discipline*, Éditions Rue d'Ulm, Paris, 2006.

64   Roberto Mangabeira Unger, *The Self Awakened*, Harvard University Press, 2007. 진화하는 정치적 사유를 위한 뛰어난 선언문.

65   Jean-Pierre Vernant, *Les origines de la pensée grecque*, Presses Universitaire de France, Paris, 1962. 그리스 정치조직이 지닌 특수성과 그리스 사유가 지닌 독자성의 관계를 다룬 고전적 저작. 미케네 문명의 문화적 세계와 그리스 세계의 정치 구조가 어떻게 진화했는지를 훌륭하게 재구성한다.

66   Jean-Pierre Vernant, *Mythe et pensée chez les Grecs*, Librairie François Maspero, Paris, 1965.

67   Francesca Vidotto, 'Nuovi linguaggi per una nuova scienza. L'esperienza del teatro a Padova', *Proceedings of Donne, scienza e potere. Oseremo disturbare l'universo? Lecce, 15-17 settembre 2005*, 2006, p. 81-87 (I documenti – Comitato Pari Opportunità Università di Lecce). siba2.unile.it/ese/issues/286/658/Donnescipotere_p81-87.pdf

68   Gary Witherspoon, *Language and Art in the Navaho Universe*, University of Michigan Press, Michigan, 1977.

그림 출처

| 그림 02 |

Venus Tablet of Ammisaduqa, © Fæ, Wikimedia Commons, CC BY-SA 3.0
https://commons.wikimedia.org/wiki/File:Venus_Tablet_of_
Ammisaduqa.jpg

| 그림 04 |

(위) *The Theater of Milet*, © Claus P. Heibel, Wikimedia Commons, CC
BY 2.0
https://ko.wikipedia.org/wiki/%ED%8C%8C%EC%9D%BC:The_
Theater_of_Milet_(48879177211).jpg
(아래) *Berlin Pergamonmuseum 16 Markttor von Milet*, © Gerd Eichmann,
Wikimedia Commons, CC BY-SA 4.0
https://commons.wikimedia.org/wiki/File:Berlin-Pergamonmuseum-
16-Markttor_von_Milet-2016-gje.jpg

| 그림 08 |

Earth Rotation (Nepal, Himalayas), © Anton Yankovyi, Wikimedia
Commons, CC BY-SA 4.0
https://commons.wikimedia.org/wiki/File:Earth_Rotation_(Nepal,_
Himalayas)_(polaris-earth-rotation).tiff

| 그림 10 |

NAMA Dame de Mycènes, © Μαρσύας (Marsyas), Wikimedia Commons,
CC BY-SA 2.5
https://commons.wikimedia.org/wiki/File:NAMA_Dame_de_
Myc%C3%A8nes.jpg

| 그림 11 |

Linear B (Mycenaean Greek) NAMA Tablette 7671, © Hellenic Archaeological
Museum, Wikimedia Commons, CC BY-SA 4.0
https://commons.wikimedia.org/wiki/File:Linear_B_(Mycenaean_
Greek)_NAMA_Tablette_7671.jpg

과학하는 인간의 태도

2026년 3월 27일 초판 1쇄 발행

지은이 카를로 로벨리 **옮긴이** 김동규
펴낸이 이원주

책임편집 최연서 **디자인** 정은예
기획개발실 강소라, 김유경, 박인애, 류지혜, 고정용, 이채은
마케팅실 정주호, 신하은, 현나래, 이홍균, 양봉호, 박미진, 권금숙
디자인실 진미나, 윤민지 **디지털콘텐츠팀** 최은정 **해외기획팀** 우정민, 배혜림, 정혜인
경영지원실 강신우, 김현우, 이윤재 **제작실** 이진영
펴낸곳 (주)쌤앤파커스 **출판신고** 2006년 9월 25일 제406-2006-000210호
주소 서울시 마포구 월드컵북로 396 누리꿈스퀘어 비즈니스타워 18층
전화 02-6712-9800 **팩스** 02-6712-9810 **이메일** info@smpk.kr

© 카를로 로벨리(저작권자와 맺은 특약에 따라 검인을 생략합니다)
ISBN 979-11-24070-64-2 (03400)

쌤앤파커스(Sam&Parkers)는 독자 여러분의 책에 관한 아이디어와 원고 투고를 설레는 마음으로 기다리고 있습니다. 책으로 엮기를 원하는 아이디어가 있으신 분은 이메일 book@smpk.kr로 간단한 개요와 취지, 연락처 등을 보내주세요. 머뭇거리지 말고 문을 두드리세요. 길이 열립니다.